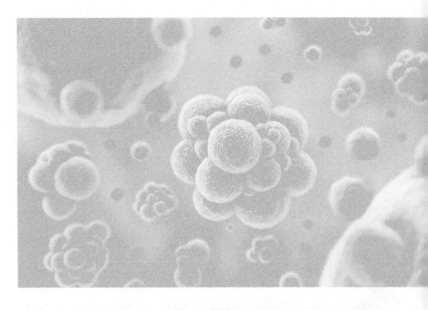

农业微生物菌剂和生物有机肥

龚大春　任立伟　主编

U0228968

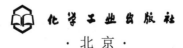

· 北 京 ·

内容简介

本书以功能微生物为对象，根据现代农业土壤健康的需求，对其在农业中的重要作用、常见微生物菌剂的类型及功能、新型微生物菌剂及其生物学特点、微生物菌剂、有机肥料和生物有机肥进行了系统阐述。全书主要介绍了开发微生物菌剂和生物有机肥的重要意义；微生物与农业的关系；微生物菌剂的分类和功能；新型功能微生物菌如纤维素分解菌、降 Cr 菌、溶磷菌、解钾微生物、广谱植物内生真菌枫香拟点茎霉等。全面介绍了微生物菌剂、有机肥料、生物有机肥的定义和最新国家标准，生物有机肥的使用方法和未来生物有机肥的发展趋势。

本书既可供农业生物领域的高级工程技术人员使用，也可供高年级本科学生和研究生使用，还可供农业技术推广员使用。

图书在版编目（CIP）数据

农业微生物菌剂和生物有机肥 / 龚大春，任立伟主编. —北京：化学工业出版社，2022.3（2025.4重印）
ISBN 978-7-122-40975-1

Ⅰ.①农…　Ⅱ.①龚…　②任…　Ⅲ.①微生物农药-研究②生物农药-有机肥料-研究　Ⅳ.①TQ458.1

中国版本图书馆 CIP 数据核字（2022）第 040059 号

责任编辑：王　琰　　　　　　　　　　装帧设计：王晓宇
责任校对：边　涛

出版发行：化学工业出版社（北京市东城区青年湖南街 13 号　邮政编码 100011）
印　　装：北京天宇星印刷厂
710mm×1000mm　1/16　印张 10¼　字数 180 千字　2025 年 4 月北京第 1 版第 8 次印刷

购书咨询：010-64518888　　　　　　售后服务：010-64518899
网　　址：http://www.cip.com.cn
凡购买本书，如有缺损质量问题，本社销售中心负责调换。

定　　价：98.00 元

致　谢

　　本书得到湖北省技术创新重大专项和三峡大学学科建设项目资助，在此表示感谢！

—————《农业微生物菌剂和生物有机肥》—————
编写人员名单

主　编　龚大春　三峡大学生物与制药学院
　　　　任立伟　三峡大学生物与制药学院

副主编　吕育财　三峡大学生物与制药学院
　　　　涂　璇　三峡大学生物与制药学院
　　　　郭金玲　三峡大学生物与制药学院
　　　　肖玲玲　湖北三峡职业技术学院
　　　　皮雄娥　浙江省农业科学院

主　审　郭　鹏　湖北省农业科学院
　　　　黄光华　湖北田头生物科技有限公司
　　　　江世文　湖北田头生物科技有限公司

前　言

　　生物有机肥能够有效修复土壤结构，改善土壤肥力，对我国农业发展和农田土壤保护意义重大。《到 2020 年化肥使用量零增长行动方案》和《"十三五"农业农村科技创新专项规划》（国科发农〔2017〕170 号）均提出要重点支持和发展生物有机肥，亟待改善农田土壤状况。生物有机肥作为有机肥料中的新型肥料品种之一，利用微生物在生物地球化学循环中的重要作用来改善土壤性状，修复土壤，保证土壤健康，是现代有机肥料的重要开发领域之一。

　　但是我国目前生物有机肥领域存在优质菌种资源缺乏、菌株土壤定殖能力弱、功能单一等问题，农户对微生物在农田土壤健康中的作用认识还不清晰，重视程度还不够，因此本书将以开发农业微生物菌剂为重点，对常见和新型的农业微生物菌剂的生物学特性、功能、发酵生产、菌肥混合方式等进行系统阐述，为广大科技工作者和研究生全面认识微生物在土壤健康中的作用提供较为完备的知识。本书同时按照国家标准对"有机肥料""微生物菌剂"和"生物有机肥"进行了定义规范和阐述，可以作为广大农业技术人员和农户使用生物有机肥的指导用书，为推进我国乡村振兴、保护土壤健康做出努力。

　　在此感谢各位编者辛勤的付出，是你们在本领域的丰富知识和宝贵经验使得本书更具阅读价值。本书难免有不妥之处，敬请广大读者批评指正！

编　者

2022 年 2 月

目　录

1　绪论　001

1.1　开发农业微生物菌剂的重要意义　002
　　1.1.1　有效降低抗生素、重金属、塑料微粒对土壤的污染　002
　　1.1.2　降解农作物秸秆，提高土壤中有机质含量　004
　　1.1.3　可用于制造更多的专用肥，有效改良土壤　004
1.2　我国生物有机肥的现状及前景　007
　　1.2.1　生物有机肥的研究背景　007
　　1.2.2　生物有机肥的优势与作用机理　008
　　1.2.3　生物有机肥的发展现状　010
　　1.2.4　生物有机肥的发展趋势　011

2　农业土壤中常见微生物及其功能　013

2.1　微生物与农业　014
　　2.1.1　微生物对有机肥的腐熟效应　015
　　2.1.2　微生物固氮作用　015
　　2.1.3　微生物溶磷、聚磷作用　015
　　2.1.4　微生物对有毒有害物质的降解作用　016
2.2　农业土壤中常见有益微生物类型　017
　　2.2.1　固氮微生物　017

2.2.2　芽孢杆菌　　　　　　　　　　　　　　　　　023

2.2.3　酿酒酵母　　　　　　　　　　　　　　　　　027

2.2.4　细黄链霉菌　　　　　　　　　　　　　　　　028

2.2.5　植物乳杆菌　　　　　　　　　　　　　　　　028

2.2.6　黑曲霉　　　　　　　　　　　　　　　　　　029

2.3　农业土壤中常见微生物的功能　　　　　　　　　030

2.3.1　固氮菌的功能　　　　　　　　　　　　　　　030

2.3.2　枯草芽孢杆菌的功能　　　　　　　　　　　　031

2.3.3　胶冻样类芽孢杆菌的功能　　　　　　　　　　033

2.3.4　地衣芽孢杆菌的功能　　　　　　　　　　　　034

2.3.5　巨大芽孢杆菌的功能　　　　　　　　　　　　035

2.3.6　解淀粉芽孢杆菌的功能　　　　　　　　　　　038

2.3.7　酵母菌的功能　　　　　　　　　　　　　　　039

2.3.8　侧孢短芽孢杆菌的功能　　　　　　　　　　　040

2.3.9　细黄链霉菌的功能　　　　　　　　　　　　　042

2.3.10　植物乳杆菌的功能　　　　　　　　　　　　042

2.3.11　黑曲霉的功能　　　　　　　　　　　　　　043

3　新型功能微生物菌及其生物学特性　　　047

3.1　纤维素分解菌　　　　　　　　　　　　　　　　048

3.1.1　纤维素资源　　　　　　　　　　　　　　　　048

3.1.2　纤维素的分子结构　　　　　　　　　　　　　048

3.1.3　纤维素分解菌及其菌群　　　　　　　　　　　049

3.1.4　纤维素的微生物分解效率　　　　　　　　　　050

3.1.5　具有纤维素分解能力菌群 WDC2 的构成　　　　051

3.1.6　纤维素分解复合菌系构建及筛选　　　　　　　053

3.1.7　Ba2、CTS 和 CTL-6 菌间组合分解纤维素的性质　057

3.2　重金属还原菌群及其生物学特性　　　　　　　064

3.2.1　重金属铬的污染及修复铬污染进展　064

3.2.2　Cr（Ⅵ）还原菌群的性质　068

3.2.3　Cr（Ⅵ）还原菌群的结构及稳定性　072

3.2.4　Cr（Ⅵ）还原菌群在 Cr（Ⅵ）污染环境中的应用　074

3.2.5　Cr 还原单菌　076

3.3　溶磷菌　086

3.3.1　概述　086

3.3.2　溶磷菌种类　087

3.3.3　溶磷菌数量及生态分布　088

3.3.4　溶磷菌筛选　088

3.3.5　溶磷能力的测定方法　092

3.3.6　溶磷机理研究　092

3.3.7　溶磷菌应用　094

3.3.8　溶磷菌研究趋势　095

3.4　哈茨木霉　096

3.4.1　作用方式　097

3.4.2　作用机制　097

3.5　内生真菌枫香拟点茎霉　097

3.5.1　促进作物生长　098

3.5.2　促进宿主抗病　098

3.5.3　优化宿主土壤环境　099

3.6　解钾微生物　100

3.7　集固氮、解钾、溶磷和降解纤维素于一体的优势菌株开发　101

3.7.1　特基拉芽孢杆菌的特殊功能　101

3.7.2　特基拉芽孢杆菌在堆肥中的应用　102

4　农业微生物菌剂与菌肥　105

4.1　微生物菌剂的类型　106

4.2　微生物菌剂的作用　　　　　　　　　　　　　　　　　106

4.3　微生物菌肥的定义　　　　　　　　　　　　　　　　　107

4.4　微生物菌肥的种类　　　　　　　　　　　　　　　　　107

　　4.4.1　微生物拌种剂　　　　　　　　　　　　　　　　108

　　4.4.2　复合微生物肥料　　　　　　　　　　　　　　　108

4.5　微生物肥料的功能　　　　　　　　　　　　　　　　　110

　　4.5.1　增加土壤肥力，提高肥料的利用率　　　　　　　110

　　4.5.2　改良土壤团粒结构，疏松活化土壤　　　　　　　111

　　4.5.3　促进作物生长，增强作物抗逆性　　　　　　　　111

　　4.5.4　减少土传病害　　　　　　　　　　　　　　　　111

　　4.5.5　分解土壤中残留的有害物质　　　　　　　　　　111

4.6　微生物肥料的常用菌种及应用现状　　　　　　　　　　111

　　4.6.1　微生物肥料的常用菌种　　　　　　　　　　　　111

　　4.6.2　我国微生物肥料登记现状　　　　　　　　　　　112

　　4.6.3　微生物肥料的应用研究　　　　　　　　　　　　113

4.7　微生物肥料的质量保障　　　　　　　　　　　　　　　114

　　4.7.1　菌种的功能和生物安全　　　　　　　　　　　　114

　　4.7.2　菌种生产的工艺优化　　　　　　　　　　　　　114

　　4.7.3　有效活菌数和菌种纯度　　　　　　　　　　　　115

　　4.7.4　协同增效　　　　　　　　　　　　　　　　　　115

4.8　微生物肥料的合理使用　　　　　　　　　　　　　　　115

5　有机肥料类型及其应用　　　　　　　　　117

5.1　有机肥料的定义　　　　　　　　　　　　　　　　　　118

5.2　有机肥料国家标准的解读　　　　　　　　　　　　　　118

5.3　有机肥料对土壤的改良作用　　　　　　　　　　　　　118

　　5.3.1　有机肥料对土壤物化性状的影响　　　　　　　　119

　　5.3.2　有机肥料对土壤营养状况的影响　　　　　　　　120

5.3.3 有机肥料对土壤生物化学特性的影响 120

5.3.4 有机肥料对土壤环境的影响 121

5.3.5 有机肥料增强土壤蓄水保墒能力 122

5.4 有机肥料推广应用的重大意义 122

5.5 有机肥料生产的关键技术 123

6 生物有机肥及其功能 125

6.1 生物有机肥的定义 126

6.2 生物有机肥国家标准的解读 127

6.3 生物有机肥的功效 127

6.3.1 改善作物品质，提升农产品质量 128

6.3.2 改善土壤理化性质，提升土壤肥力 128

6.3.3 改善土壤微生态 128

6.3.4 提升土壤的供养水平 129

6.3.5 减少作物病虫害 129

6.4 生物有机肥的生产 129

6.4.1 生物有机肥混合配比的基本原则 130

6.4.2 生物有机肥混合配制的基本方法 131

6.5 功能微生物的发酵生产 132

6.5.1 功能微生物的种类 132

6.5.2 功能微生物的筛选和培育 132

6.5.3 功能微生物的大规模发酵生产 133

6.6 生物有机肥的应用及大田研究进展 134

6.6.1 生物有机肥在柑橘、椪柑、脐橙种植中的应用 135

6.6.2 生物有机肥的大田研究进展 135

6.7 生物有机肥的施肥方法 137

6.8 农村振兴与土壤改良的基本对策 138

6.8.1 化肥减量增效，协调养分比例，实现精准平衡施肥 138

    6.8.2　生物肥料/有机肥料/生物有机肥部分替代化肥，培肥土壤，
            减施化肥　　　　　　　　　　　　　　　　　　　138

    6.8.3　推广水肥一体化技术，节水节肥，克服土壤盐化　　　138

6.9　生物有机肥在绿色食品生产中的作用　　　　　　　　　139

参考文献　　　　　　　　　　　　　　　　　　　　　　140

1

绪论

1.1 开发农业微生物菌剂的重要意义
1.2 我国生物有机肥的现状及前景

1.1 开发农业微生物菌剂的重要意义

人类所需要的 95%以上食物来自于土地作物种植，土壤是人类生存的基础。健康的土壤对于培育健康、安全的作物和生产绿色食品至关重要。土壤的生物多样性是土壤健康的重要指标。与陆地生物多样性相比，土壤的生物多样性更是丰富多彩。根据欧盟委员会的报告《生命工厂：为什么土壤生物多样性如此重要》，土壤生物多样性占地球上所有生物物种的 1/4，尽管其中大部分仍然未知。

然而，从世界范围来看，大约三分之一的土壤已经退化。在非洲，只有 8%的土壤适合农业生产。在撒哈拉以南非洲，超过 1.8 亿人不得不依靠着枯竭的土地资源生活，当地粮食安全受到严峻挑战。2014 年 12 月发布的《蒙彼利埃小组报告》显示，该地区因土地退化导致的经济损失估计为每年 680 亿美元。

我国赖以生存的土壤的污染和微生物菌群生态结构的失调也令人担忧。进入现代农业以来，化肥对农业产量的提高起到了巨大的推动作用。据统计，2017 年我国粮食总产量达 61 791 万吨，化肥对粮食增产的贡献达 40%以上。我国化肥使用普遍存在过量、连用的现象，1979—2013 年，我国化肥用量由 1086 万吨增加到 5912 万吨。农作物亩均化肥用量 21.9 kg（1 亩≈666.67m^2），远高于世界平均水平（每亩 8 kg），是美国的 2.6 倍、欧盟的 2.5 倍，由此带来一系列环境问题，包括农田土壤性状恶化、土壤肥力下降、引入重金属污染、农产品品质和生物多样性下降等，严重制约了我国农业可持续发展。

随着现代工业和人类活动的加剧，全球范围内的土壤正遭受着严重污染。健康土壤往往具有良好的微生物生态环境，含有数以百万计的细菌和真菌以及微小的昆虫和一些微观动物。土壤的健康取决于生活在地下的这些生机勃勃的生命处于良好的生态环境，但现如今，不可持续的耕作方式、工业活动、采矿、未经处理的城市垃圾和其他非环境友好活动对土壤微生态破坏非常巨大。

1.1.1 有效降低抗生素、重金属、塑料微粒对土壤的污染

（1）土壤中抗生素的污染及其治理意义

随着人类活动和动物养殖使用抗生素的加剧，抗生素在土壤中残留日益增加。许多被丢弃的药品最终会进入垃圾填埋场，然后慢慢渗入河流或侵入土壤。

随着长江经济带快速的工业化和城市化进程，抗生素滥用问题日益突出，不

仅对水生生物产生慢性毒理效应，且其易产生耐药性，降低人体免疫力。河海大学长江保护与绿色发展研究院近期一项调研显示，长江抗生素平均浓度为 156 ng/L，高于欧美一些发达国家。长江下游抗生素排放量居全国前三位，年排放强度大约为 60.0 kg/km²，破坏长江流域生态，对水生生物产生慢性毒理效应。南京水利科学研究所生态环境所（南京水科院生态所）所长陈求稳团队研究发现，这些抗生素及其代谢产物对不具耐药性的微生物、浮游植物、鱼类等水生生物有潜在毒理风险，破坏水生食物链的能量传递，进而影响高营养级生物及水生态系统健康。这些抗生素主要来自医院和药厂废水、水产和畜禽养殖废水以及垃圾填埋场，大部分抗生素无法在现有工艺下有效去除，导致河湖水体成为抗生素和耐药基因库。

长江保护与绿色发展研究院的科研人员在长江中下游地区调查发现，在生猪、肉鸡、水产等养殖过程中，因养殖密度高，不少养殖户为降低感染发病率，习惯在饲料中添加各类抗生素。比如生猪饲料中，硫酸黏菌素、金霉素都是常用抗生素，有的 1 t 饲料能添加 0.5 kg 抗生素药物。研究人员发现，有的饮用水水源地上游 5 km 分布着大型医药生产企业的排污口。如长三角某市水源地附近有 3 家医药公司排污口，一些长江支流交汇处有六七家制药厂，废水含有高浓度抗生素。

调研发现，近年来，长江流域虽加大整治力度，但有不少中下游的化工、制药、中低端制造、畜禽养殖类企业往上游或支流转移，防治污染形势严峻。

中国科学院院士朱永官的最新研究表明，动物摄入的抗生素大部分以原药或代谢产物形式经动物粪便和尿液进入土壤、水体，并通过食物链对整个生态环境产生毒害，影响植物、土壤微生物和动物的正常生命活动和功能。更严重的是，抗生素的环境残留会诱导选择抗性细菌，促进抗性基因横向转移，导致微生物耐药性扩散，而携带抗性基因的微生物扩散到新环境会进一步繁殖，并通过土壤与植物互作，从而影响食品安全。联合国环境规划署《2017 前沿报告》表示，抗生素、其他抗菌化合物（如消毒剂）及重金属在自然环境中的排放有可能推动细菌进化，产生更多耐药菌株。

因此，开发可以降解抗生素的农业微生物菌剂，这对于土壤的修复至关重要。

（2）土壤中重金属的污染及其治理意义

随着现代工业的发展，一些农田的重金属污染也日益加剧。植物从土壤中吸收金属元素，这可能会埋下严重的人类健康隐患。一些设施菜田土壤中重金属 Cu、Zn 和 Cd 呈逐渐积累的趋势，采样区设施菜田土壤 Cd 总体上处于污染警戒级状况。孕期女性若通过食物摄入了镉，这一元素会穿透胎盘，破坏胎儿的细胞膜和 DNA，还会干扰内分泌系统，甚至引发肾、肝和骨损伤；镉中毒可使肌肉萎缩、关节变形，骨骼疼痛难忍，不能入睡，发生病理性骨折，以致死亡。镉污染的主要来源是工厂排放的含镉废水进入河床，灌溉稻田，被植株吸收并在稻米中积累，若长期食用含镉的大米，或饮用被镉污染的水，容易造成"骨痛病"。而铅是一种重金属，污染性较大。它能破坏血液，使红细胞分解，同时通过血液扩散到全身器官和组织并进入骨骼，造成坐骨神经麻痹及手指震颤症，严重时会导致铅毒性脑病而死亡。古罗马人曾使用铅制器皿贮藏糖和酒，用金属铅铸造水管，导致食品和水中含铅量增高，引起慢性中毒。死亡后尸骨上留有硫化铅黑斑，就是例证。此外，汞是一种剧毒物质。通过接触或呼吸进入人体，会使神经中枢破坏等，土壤中汞超标同样对人类健康构成严峻威胁，因此防治汞污染十分重要。

因此，开发可以消除重金属的农业微生物菌剂是改良重金属污染土地的重要方法之一。

（3）塑料微粒污染对人类的食品安全和健康的威胁

合成纺织品在洗涤过程中会将微小的塑料纤维释放到废水中，而废水处理厂却不能过滤出大部分微纤维，因此这些微纤维会回到河流或者通过污泥流入农田中，造成土壤污染。最近在 1 岁幼儿的肠道中也发现了微塑料。当前尚没有有效的解决方案，但相关报道称，已经发现了一些真菌能在几周内成功降解某些类型的塑料。

因此，开发可以降解微塑料的农业微生物菌剂，对于减少微塑料对土壤的污染意义重大。

1.1.2 降解农作物秸秆，提高土壤中有机质含量

调查显示，主要设施菜区有机肥用量不合理，每亩平均有机肥养分用量 65.9 kg，超出适宜用量 20 kg 左右；区域间有机肥用量不均衡现象突出。我国设施菜田施用的有机肥一般以鸡粪、猪粪为主，含纤维素较少，对土壤腐殖质形成贡献有限，而化肥的重要替代技术之一作物秸秆使用很少。

我国有大量农作物秸秆没有得到充分利用。开发可以降解农作物秸秆的农业微生物菌剂，可以加快农作物秸秆的降解，实现农作物秸秆的资源化利用；制备出功能生物有机肥，可以提高土壤中有机质含量。

1.1.3 可用于制造更多的专用肥，有效改良土壤

我国农业土壤退化原因很多，主要有过度施用化肥、肥料施用技术落后、专用肥品种少、肥料施用方法不当等，具体表现如下：

（1）过度施用化肥导致农业土壤退化

目前我国蔬菜生产中普遍存在着化肥施用严重超量、秸秆使用不受重视、肥料施用比较随意、专用肥料极其缺乏、施肥方法尤为不当等现象，不仅导致肥料利用率和生产效益低下，还导致土壤 pH 值降低、次生盐渍化比例较大、有机质含量普遍处于中低水平、硝态氮和速效磷富集、重金属积累、地下水硝酸盐超标等一系列较为严重的问题。调查表明，全国主要蔬菜每亩平均化肥养分（$N+P_2O_5+K_2O$）用量 90.3 kg，是全国农作物平均化肥养分用量的 4.2 倍。主要设施蔬菜每亩平均肥料（化肥+有机肥）养分总用量 158.0 kg（化肥即无机肥料，下文简称无机肥；有机肥料，简称有机肥），其中 N、P_2O_5 和 K_2O 施用总量分别为 56.7 kg、48.4 kg 和 52.9 kg，平均分别超出各自推荐施用量的 1.2 倍、5.3 倍和 0.9 倍。按合理施肥条件下有机肥/有机物料替代化肥 40%～50% 的比例估算，设施蔬菜化肥养分减施潜力在 40% 以上。

（2）肥料施用技术落后

目前我国农业种植技术人员比较匮乏，传统农民往往不注重蔬菜生长规律，对蔬菜各个时期的需肥种类及需肥量不了解，随意施肥。由于蔬菜具有养分吸收范围小、吸收强度大、吸收能力弱等特点，要求土壤养分供应强度大。蔬菜养分吸收是前期少、中后期快速增加，而土壤养分供应是前期过多、中后期明显不足。常常造成土壤养分供应和设施蔬菜养分吸收明显不同步，这与前期基肥化肥施用过多、中后期化肥运筹不合理等密切相关。调查指出，全国蔬菜基地的基肥中化肥养分用量占化肥（基肥+追肥）养分总量比例过高，平均达到 42.5%。从而导致土壤中 N、P、K 等肥料比例失调，土壤中营养流失严重。

（3）专用肥缺乏

蔬菜要求钾多磷少，一般 N：P_2O_5：K_2O 吸收比例为 1：（0.3～0.5）：（1.0～1.5）。据调查，设施蔬菜施用的化肥品种大多不符合蔬菜生产要求，适合蔬菜养分需求的专用肥、水溶性肥料等专用新型化肥品种数量不到针对蔬菜肥料品种总数的 20%，而高磷化肥品种如磷酸二铵、三元复合肥、冲施肥等所占比例较大，导致设施蔬菜磷施用比例远超需求比例。

（4）施肥方法不当

我国设施蔬菜生产中大水大肥现象很普遍，菜农习惯"肥大水勤，不用问人"，"大水大肥，肥随水走"的管理模式，灌溉水和肥料的投入量远远超过了蔬菜实际需求量。比如多年沿袭的传统做法是蔬菜定植后浇一次大水，一周后再浇一次缓苗水，而实际上小苗只需少量小水即可满足要求。

设施蔬菜肥料过量和不合理施用不仅导致肥料利用率和生产效益低下，还导致土壤质量退化、地下水硝酸盐超标、氧化亚氮排放和氨挥发引起的大气污染等一系列较为严重的问题。

由于上述问题导致土壤质量退化，具体表现在：

（1）土壤pH值降低，现今设施管理措施导致土壤向酸化趋势发展；

（2）土壤次生盐渍化比例较大，设施菜田土壤盐分含量高出露地菜田近1倍；

（3）土壤有机质含量普遍处于中低水平，仅12.1%的设施菜田达到肥沃菜田土壤有机质含量40～50 g/kg的标准；

（4）土壤硝态氮和速效磷富集，设施土壤硝态氮和速效磷大量积累，对生态环境构成了严重威胁，覆盖面积超过设施蔬菜的50%。

因此，面对土壤退化问题，开发高效的农业微生物菌剂迫在眉睫。生物有机肥内含的多种功能性微生物进入土壤后，在生长繁殖过程中产生大量的次生代谢产物，这些产物能够促进土壤团粒结构的形成。团粒结构的形成使土壤变得疏松、绵软，保水保肥性能增强，水、气、热更加协调，减少土壤板结，有利于保水、保肥、通气和促进根系发展，为农作物提供舒适的生长环境。土壤理化性状的改善，加强了土壤有益微生物的活动，从而最大限度促使有机物分解转化，产生多种营养物质和刺激性物质，反过来又刺激微生物的生长发育，促进作物生长，最终达到增产增收的目的。另外，功能性微生物在作物根系周围形成优势种群，抑制或拮抗有害病原菌的生长繁殖，减轻了作物发生病害的程度，进而起到增加产量的目的。

综上所述，我国庞大的人口数量对农作物产量需求的不断提升直接导致了农业资源消耗过度、化肥与农药的使用量不断增加等问题，一方面，通过"透支环境"而来的农作物最终对人类造成影响，危害人的身体健康；另一方面，农业生态系统的不断退化也会导致农业环境不断恶化，最终影响作物的产量。因此，如何在提升农作物产量的同时确保农作物的品质已经成为当下农业发展的首要问题之一。要想能够解决这个问题，必须将人口、资源、环境之间的矛盾进行更加合理妥善地协调，用绿色有机的农业可持续发展观进一步缓解农药、化肥给土壤和作物带来的危害。而大力开发微生物菌剂，在农业生产中使用微生物肥料也正是现阶段符合绿色有机环保的一条道路，能够帮助土壤提高肥力，改善作物生长，提升作物品质与抗逆性等优点，同时使用微生物肥料可以减少在种植过程中对于环境带来的污染，确保所生产的作物能够符合食品质量安全。近年，微生物菌肥不断受到社会各界的关注，已经成为现代"绿色农业"发展的需要，拥有着十分广阔的应用前景。因此开发高效的农业微生物菌剂对于我国农业和农村的经济振兴、食品安全意义重大。

1.2 我国生物有机肥的现状及前景

生物有机肥是指特定功能微生物与主要以动植物残体（如畜禽粪便、农作物秸秆等）为来源并经无害化处理、腐熟的有机物料复合而成的一类兼具微生物肥料和有机肥效应的肥料。生物有机肥对实现资源节约型、环境友好型社会具有重要意义，是实现乡村振兴和农业可持续发展的必然选择。

1.2.1 生物有机肥的研究背景

1.2.1.1 中国肥料行业现状

肥料是重要的农业生产资料，农业的持续稳定发展离不开肥料。化肥因其速效养分含量丰富，增产效果显著，在生产中被广泛应用。目前，中国的化肥生产量和使用量位居世界第一。在生产方面，除氯化钾外，其他主要化肥品种均已呈现生产过剩状态。在应用方面，存在肥料使用结构不合理，过量施用和利用率低的问题，具体表现为农民在生产过程中只注重化肥的使用，对有机肥和微生物肥料则十分轻视，且为了获得更好的肥效，盲目加大化肥的施用量。

当前世界农作物化肥施用量为 120 kg/hm^2（1 hm^2=10 000 m^2），中国农作物化肥施用量为 328.5 kg/hm^2，远高于世界平均水平。化肥过量施用、盲目施用带来了成本的增加、环境的污染、土壤的退化等一系列问题。

土壤是一个国家最重要的自然资源。沈其荣认为土壤基础地力是实现作物产量潜力的关键因素，就每千克化肥对不同作物上的平均增产效果而言，1975 年为 25 kg 谷粒/kg 化肥、15 kg 油料/kg 化肥、10 kg 棉花/kg 化肥；2008 年为 8～9 kg 谷粒/kg 化肥、6～7 kg 油料/kg 化肥、5～6 kg 棉花/kg 化肥。化肥对产量的贡献率急剧下降表明，随着化肥的长期使用，土壤的基础地力正在逐渐减弱，而土壤基础地力的减弱已成为影响中国农业可持续发展和农作物高产、稳产的重要限制因素。

随着民众对环境问题和土壤循环利用认知的逐步提高，传统的化肥已不能满足农业发展的需要，为实现农产品可持续发展，发展高效环保肥料势在必行。

1.2.1.2 中国农业废弃物基本状况

农业废弃物是指在整个农业生产过程中被丢弃的有机类物质，主要包括农作物秸秆和畜禽粪便等。中国是农业大国，农业废弃物数量巨大。这些废弃物既是宝贵的资源，又是严重的污染源，若不经妥善处理进入环境，将会造成环境污染和生态恶化。

中国是秸秆资源最为丰富的国家之一，根据专家的估计，每年可产生9亿多吨的秸秆。然而，秸秆的资源化利用率并不高，每年约有20%的秸秆腐烂或焚烧，不仅造成了资源的浪费，而且给环境造成了极大的危害。

随着中国畜禽养殖业的快速发展，畜禽粪便的产生量也在迅速增加。研究表明，1980年中国畜禽粪便产生量超过了14亿吨，2011年达21.21亿吨，预计到2020年和2030年将分别达到28.75亿吨和37.43亿吨。然而，现阶段绝大部分畜禽粪便得不到充分利用。调查表明，目前中国大型畜禽养殖场的畜禽粪便无害化处理技术和能力不足，再加之主观上不想因处理粪便和废液增加更多的生产成本，致使养殖场所产生的畜禽粪便和废水多为直接排放，给环境带来了极大的负面影响，威胁着人类的安全与健康。

因此，积极探索农业废弃物资源化利用的方式，使其化害为利、变废为宝，对中国农业的可持续发展具有重要意义。

1.2.1.3 生物有机肥是农业可持续发展的必然选择

基于目前化肥使用和农业废弃物现状，积极寻求高效环保的化肥替代品，积极探索农业废弃物资源化利用的方式，已成为国内外农业研究的热点。在此背景下，生物有机肥以其独特的优势为农业废弃物和作物生长搭建起一座桥梁，开辟出一条以"农业废弃物-生物有机肥-作物"循环模式的可持续发展道路。

首先，施用生物有机肥是提高土壤基础地力、改善农产品品质的重要途径。生物有机肥研制和生产的初衷是集有机肥料和生物肥料优点于一体，既有助于提高作物产量，又能培肥土壤、调控土壤微生态平衡、减少无机肥料用量，从根本上改善农产品品质，符合中国农业可持续发展和绿色农产品生产的方向。

其次，生产生物有机肥是农业废弃物资源化利用的重要手段。农业废弃物中含有丰富的作物生长必需的营养元素和有机养分，将其资源化利用制成生物有机肥，通过微生物的作用使有机物矿质化、腐殖化和无害化，以供作物吸收利用，不仅可以缓解农业废弃物对环境的压力，也可以变废为宝，获得一定的经济效益。

综上所述，生物有机肥作为一种高效无污染环保型产品，是农业可持续发展的必然选择。

1.2.2 生物有机肥的优势与作用机理

1.2.2.1 生物有机肥的优势

生物有机肥是在堆肥的基础上，向腐熟物料中添加功能性微生物菌剂进行二次发酵而制成的含有大量功能性微生物的有机肥料。它与其他肥料相比具有培肥土壤、改善产品品质等优势。

与化肥相比，生物有机肥的营养元素更为齐全，长期使用可有效改良土壤，调控土壤及根际微生态平衡，提高作物抗病虫能力，提高产品质量。

与农家肥相比，生物有机肥的根本优势在于：生物有机肥中的功能菌对提高土壤肥力、促进作物生长具有特定功效，而农家肥属自然发酵生成，不具备优势功能菌的特效。

与生物菌剂相比，生物有机肥包含功能菌和有机质，有机质除了能改良土壤，其本身就是功能菌生活的环境，施入土壤后功能菌容易定殖并发挥作用；而生物菌剂只含有功能菌，且其中的功能菌可能不适合有的土壤环境，无法存活或发挥作用。另一方面，生物有机肥比生物菌肥价格更为便宜。

1.2.2.2 生物有机肥的作用机理

（1）发酵菌和功能菌的作用机理

作物施用生物有机肥后，其中的发酵菌和功能菌大量繁殖，对改良土壤、促进作物生长、减轻作物病害具有显著效果。主要原因在于：

① 肥料中的有益微生物会在土壤中大量定殖形成优势种群，抑制其他有害微生物的生长繁殖，甚至对部分病原微生物产生拮抗作用，以减少其侵染作物根际的机会。

② 功能菌发挥功效增进土壤肥力，比如施用含固氮微生物的肥料，可以增加土壤中的氮素来源；施用含解磷、解钾微生物的肥料，其中的微生物可以将土壤中难溶的磷、钾分解出来，以便作物吸收利用。

③ 肥料中的许多微生物菌种在生长繁殖过程中会产生对作物有益的代谢产物，能够刺激作物生长，增强作物的抗病抗逆能力。

（2）生理活性物质的作用机理

生物有机肥富含多种生物活性物质，比如维生素、氨基酸、核酸、吲哚乙酸、赤霉素等生物活性物质，具有刺激作物根系生长、提高作物光合作用的能力，使作物根系发达，生长健壮；比如各种有机酸和酶类，可以分解转化各种复杂的有机物和快速活化土壤养分，使有效养分增加，供作物吸收利用；比如其中的抗生素类物质，能提高作物的抗病能力。

（3）有机无机养分的作用机理

生物有机肥中既含有氨基酸、蛋白质、糖、脂肪等有机成分，还含有 N、P、K 以及对作物生长有益的中量元素（Ca、Mg、S 等）和微量元素（Fe、Mn、Cu、Zn、Mo 等）。这些养分不仅可以供作物直接吸收利用，还能有效改善土壤的保肥性、保水性、缓冲性和通气状况等，为作物提供良好的生长环境。

1.2.3 生物有机肥的发展现状

1.2.3.1 生物有机肥的生产现状

（1）生产企业

南京农业大学沈其荣教授在 2014 年底的一次访谈节目指出，目前中国生物肥或生物有机肥企业 300 多家，登记产品约 2000 个，企业年生产量较小。其中大部分企业没有菌种生产条件，而且各厂家的生产条件、技术水平及生产工艺不尽相同，产品质量参差不齐。

（2）生产用菌种

生物有机肥质量的优劣主要取决于其中所含益生菌的作用强度和活菌数量。目前生物有机肥的生产中通常使用活性强且耐高温、高渗、干旱等抗逆性较强的菌种，且在生产过程中要考虑各种菌剂之间的相互作用，不可随意混合。根据微生物在生产中的作用可分为发酵菌和功能菌。发酵菌多由复合菌系组成，具有促进物料分解、腐熟、除臭的功能。常用菌种有酵母菌、光合细菌、乳酸菌、放线菌、青霉、木霉、根霉等。功能菌是指能在产品中发挥特定的肥料效应的微生物，以固氮菌、溶磷菌、硅酸盐细菌等为主，在物料腐熟后加入。

（3）生产工艺

生物有机肥的生产主要包括发酵菌促进物料腐熟过程、添加功能菌二次发酵过程和成品加工过程。通过发酵使物料完全腐熟是整个生产的关键环节，在发酵腐熟阶段，多数企业采用槽式堆置发酵法。水分、碳氮比、温度、pH、通风情况等过程参数直接影响物料腐熟的程度和发酵周期。待物料完全腐熟后，添加固氮菌、溶磷菌、解钾菌等复合功能菌群进行二次发酵，通过控制发酵条件提高产品中的有益活菌数，从而达到增强生物有机肥肥效的目的。发酵结束后，为了提高产品的商品性和保证产品中有益微生物的存活率，成品加工多以圆盘造粒后低温烘干工艺为佳。

1.2.3.2 生物有机肥的应用现状

现阶段，国内种植户施用生物有机肥的积极性不高，生物有机肥使用率相对较低，主要在蔬菜、水果、中草药、烟草等附加值较高的经济作物上应用。但随着人们消费水平和安全意识的提高，对绿色有机农产品的需求日益增强，生物有机肥将会成为农业生产的必然选择。

目前，生物有机肥在一些生态示范区、绿色和有机农产品基地的应用取得了较好的效果，这对生物有机肥今后的推广应用起到良好的示范作用。

（1）生物有机肥对作物产量的影响

与施用等价的化肥相比，施用生物有机肥可使西瓜、番茄、大白菜、菜心分别增产 25.5%、35.9%、41.6%、50.6%，达到极显著水平，对辣椒、花菜、棉花、水稻等也有显著的增产效果。据夏飚报道，与施用等价的磷酸二铵相比，施用生物有机肥可使花生增产 33%。

（2）生物有机肥对作物品质的影响

与单施化肥相比，生物有机肥的施用可显著增加大白菜和西瓜的直径、单株（果）质量，还可改善番茄、辣椒的品质，使番茄和辣椒中维生素 C 及还原糖的含量增加。通过研究不同施肥方式对生菜品质的影响，发现施用生物有机肥可使生菜维生素 C 含量增加，总酸降低，糖酸比显著增加，同时可显著降低易诱发癌症的硝酸盐含量，在改善生菜口感、提高产品安全性方面具有重要作用。

（3）生物有机肥对土传病害的防治效果

国内外大量研究表明，施用生物有机肥可以有效防治土传病害。利用对枯萎病有拮抗作用的多黏类芽孢杆菌制成的生物有机肥，其田间防治效果达到 73%。由枯草芽孢杆菌 II -36 和 I -23 分别制成的茄子专用生物肥 BIO-36 和 BIO-23，经盆栽试验验证，这两种肥料均能有效抑制茄子青枯病，防病率分别为 96% 和 91%。目前，生物有机肥在防治蔬菜、水果、烟草等作物土传病害方面效果十分显著，是一条防治土传病害的重要且有效的生态调控防病途径。

1.2.4　生物有机肥的发展趋势

1.2.4.1　发展对策

目前世界各国对农业的可持续发展问题高度关注，不断加大对生物有机肥的开发、生产及应用力度。中国生物有机肥产业虽然有了一定的发展，但存在一些不足和亟待改进完善的地方。未来，中国生物有机肥的发展还需从以下 3 个方面进行努力。

（1）提高产品质量

提高生物有机肥产品质量，主要从菌种选育、工艺优化和开发新产品 3 个方面入手。

在菌种选育方面，应加大对具有促进根系生长、转化土壤养分、防控土传病害、消减与钝化根际有毒有害物质等特定功能的农业微生物菌种资源的挖掘与利用。另外，为保证产品在加工、运输、储存等过程仍保持较高的生物活性，应加强对抗逆性强的芽孢杆菌属的应用。

在工艺优化方面，研发与建立不同固体有机废弃物堆肥资源化利用技术与工艺，根据不同来源的废弃物，建立配套工艺与技术，以满足变化多样的有机废弃物资源化利用产业需求。同时，优化工艺参数，进而提高产品质量、缩短生产周期、降低生产成本。

在开发新产品方面，结合生产实际，加大创新力度。沈其荣教授在 2014 山东微生物肥料发展高峰论坛上提到，未来应加强对新型肥料产品——全元生物有机肥的研发生产力度。全元生物有机肥指的是集有机肥、化肥（包括速效化肥、控缓释化肥、稳定性化肥）、生物肥为一体的新型生物有机肥料。简单说，就是含有无机养分、功能菌和有机质 3 种养分的肥料。它既可以给当季作物提供足够的养分，也能为土壤中增加有益菌和有机质，改良土壤中的微生物区系，使得原来有病害的土壤、养分转换慢的土壤，逐渐变成健康的土壤、养分转化快的土壤。未来应加强对新型全元生物有机肥的复配技术与工艺的研发，生产出适合不同土壤、不同作物和不同气候条件的新型全元生物有机肥料产品。

（2）规范产品管理

目前市场上生物有机肥产品品种繁多，包装丰富多样，质量良莠不齐。针对这些问题，相关行业管理部门应加强对产品的检测和监管，对于市场上的假冒伪劣行为，必须严厉打击，严惩不贷。

（3）加大推广力度

政府、企业和相关农业技术部门应合力加强对生物有机肥的宣传、推广，可通过示范、讲解、现场指导等方式，向农民展示生物有机肥的应用效果，让农民从根本上了解生物有机肥的经济效益和生态效益，提高农民使用生物有机肥的积极性。

1.2.4.2 展望

生物有机肥的开发应用不仅能为绿色农业、有机农业的发展创造条件，还能将有机废弃物"变废为宝"，实现资源化利用，具有较高的经济效益、生态效益和社会效益，是实现农业可持续发展的有力保障。未来生物有机肥必将成为肥料行业生产和农资消费的热点，具有广阔的发展前景。

2

农业土壤中常见
微生物及其功能

2.1 微生物与农业
2.2 农业土壤中常见有益微生物类型
2.3 农业土壤中常见微生物的功能

2.1 微生物与农业

农业（Agriculture）是利用动植物的生长发育规律，通过人工培育来获得产品的产业。农业属于第一产业，是提供支撑国民经济建设与发展的基础产业。农业的本质是开发利用生物资源，传统农业是利用植物、动物资源组成的"二维结构"，在进入第三次工业革命以来，人们在总结传统的农业生产中，逐渐认识到了微生物在农业中的重要作用，也在逐渐对微生物进行开发和利用。将传统农业调整为植物、动物和微生物资源组成的"三维结构"新型农业，是实现农业战略性调整之一。

土壤是农业发展的基础，而土壤微生态合理性是土壤健康的关键；农业的可持续发展，必须充分发挥土壤生物的积极作用。土壤生物之间、生物与非生物因子之间的复杂和多维的互作关系，是生态学的前沿领域和难点，也是与可持续农业相关的基础研究的重要突破口。农业的可持续发展是人类生存和发展的基础，以高投入维系高产出的工业化农业面临不断增加的经济和环境压力。最近50年，土壤生物多样性对生态系统服务的基础性贡献得到日益重视。土壤生物多样性在抑制土传病害，保障清洁健康的大气、水体和食物等方面都有重要的作用，因此需要不断优化管理措施和推广生物有机肥，不断提高生态复杂性和土壤生物多样性，这一工作任重道远。如何充分发挥农业生态系统各组分间天然的协作关系，提高整个系统的资源总量及其能量、水分和养分利用效率，降低能量内耗及养分淋失，是可持续农业发展的迫切需求。土壤动物和土壤微生物是土壤结构和肥力的重要驱动力，也是生态系统内部平衡的重要调控者。打开土壤"黑箱"，被喻为陆地生态系统研究的"最后的前沿"。

土壤生物与可持续农业已成为后工业化农业的重要研究方向和重大挑战。应从农业生产科学和技术层面梳理土壤生物和可持续农业的学科发展历史，总结土壤生物与农业管理措施的关键联系，探究土壤生物在农业生态系统中的生态功能，揭示土壤生物群落、土壤有机质和土壤结构等的演变规律，研究这三者对不同农业模式的响应以及土壤有机质、土壤结构和食物网内的生物互作机制，进而促进可持续农业的发展。

微生物在农业生产上的作用主要表现为：①有机肥的腐熟；②生物固氮作用；③土壤中难溶的矿物态磷、硫的转化作用；④生物防治作用等。

2.1.1 微生物对有机肥的腐熟效应

人粪尿、厩肥等都是很好的有机肥，这些肥料在施用之前都必须经堆积腐熟后才可使用，否则，会因为有机肥发酵发热而烧坏作物。有机肥腐熟过程就是微生物分解有机物，同时产热的一个过程。有机肥在堆制之初，由于富含有机养料而导致大量微生物生长，在微生物生长的同时，有机物被分解，这时产生了大量的热，导致堆积的有机肥温度上升，在高温和一些耐热的微生物共同作用下，堆积肥中的一些难分解的有机物如纤维素、半纤维素和果胶等也开始分解，并在堆肥中形成了腐殖质，之后，堆积的肥料开始降温，在这过程中继续有许多有机质被分解，新的腐殖质被形成，最后，堆积的有机肥完全腐熟，形成主要以腐殖质为主的稍加降解就能为植物直接利用的有机肥。

2.1.2 微生物固氮作用

土壤中的许多微生物都有固氮功能。在农业生产中我们可以有意识地选用固氮能力强的菌种，接种到植物上或施用到大田中去，即所谓的菌肥或增产菌。寄生于豆科植物根部的根瘤菌就是一种很好的固氮菌。这种细菌在土壤中自由存活并不能固氮，但当它侵入到豆科植物的根部结瘤后即具有从大气中固氮的能力。把根瘤菌接种到植物根部，结瘤后植物即能依此而固氮，从而节约了化肥，提高了作物的产量，这种方法已得到大面积应用。我国在建国初期，即在华北地区推广应用花生根瘤菌接种剂，接着又在东北地区推广应用大豆根瘤菌剂，在长江流域使用紫云英、苜蓿和苕子等根瘤菌剂。目前根瘤菌接种剂已在全国各地广泛使用，成为栽培豆科植物中一项重要的农业技术。在国外，许多科学家利用细胞融合技术或基因技术，使一些树木或作物获得固氮机制。如在新西兰，科学家将自养固氮菌融合到松树的外生菌根原生质体中，培养 200d 后使松树具有固氮作用，除根瘤菌有固氮作用外，光合细菌中的红螺菌和蓝细菌也能进行固氮。其中固氮的蓝细菌是提供氮肥来源的一类重要的生物，目前，已在许多国家水稻中试养蓝细菌，促进水稻增产获得成功。在印度，曾有广泛的田间试验，结果表明，在完全不施化肥的情况下，使用蓝细菌后，可使每公顷（1 公顷=10 000 m²）土壤增加氮素约 20～30 kg，稻谷增产 10%～15%。近年来，在我国湖北省也大面积放养蓝细菌获得成功。

2.1.3 微生物溶磷、聚磷作用

地球的岩石中含磷量很高，但多数磷都以难溶性的磷酸盐形式存在，这些不

能为植物所利用。而土壤中含有的一些细菌如氧化硫硫杆菌、磷细菌等可以通过产酸或直接转化磷盐存在的形式而生成植物可利用的成分。因而在农业生产上，我们可以培养这类细菌，然后把它们放养到缺磷肥的土壤中去，通过这类微生物的转化，即可使该土壤成为富含磷肥的地块而使作物高产。

2.1.4 微生物对有毒有害物质的降解作用

人们为了防治病虫害，高产粮食而广泛使用农药，据统计，目前世界上生产和使用的农药多达 1300 多种，其中主要是化学农药。过去化学农药在植保工作中一直占主导地位。但是，由于化学农药毒害作用且在土壤中很难降解，现在已成为一种公害。因此，寻找高效、低毒、低残留的农药已成为当务之急。随着科学技术的不断发展进步，研究开发利用有益微生物及其代谢产物防治作物病虫害已取得了较为理想的效果。目前微生物农药主要有微生物杀虫剂、微生物除草剂、植物生长激素等。生物杀虫剂包括细菌、真菌和病毒等，目前用作细菌杀虫剂的主要是苏云金杆菌和日本金龟子芽孢杆菌。这类细菌对人畜无害，而当昆虫吃下这类细菌即可发病而死亡。真菌杀虫剂种类很多，目前最常用的是白僵菌，它主要可以用来防治玉米螟、松毛虫、甘薯象虫、大豆食心虫、苹果食心虫和栎褐天蛾等许多农林害虫。昆虫病毒是近年来开始使用的生物杀虫剂，如美国的棉铃虫病毒、日本的赤松毛虫病毒、我国的桑毛虫核型多角体病毒防治病虫害有良好的效果。农用抗生素是由多种微生物，特别是放线菌所产生的一类抑制有害微生物生长的生物制剂，目前在农业生产中使用的抗生素很多，像医用的链霉素、氯霉素、土霉素等在防治瓜果、蔬菜的一些细菌性病害中同样有效。有许多则是农业上专用的，如防治稻瘟病的杀稻瘟素一号和春雷霉素，防治麦类及瓜类白粉病和稻瘟病的庆大霉素，防水稻纹枯病的井冈霉素和"5102"等，有些抗生素除了防治病害外，还有促植物生长作用，如"5406"等。抗生素在农业生产中的应用，为作物高产稳产提供了有力的保障。生物除草剂是利用某些微生物对有害杂草有致病作用的原理而培养的制剂，如我国曾使用"保鲁一号菌"来防治危害大豆的菟丝子，取得了良好效果。农业上使用植物生长激素比较多，其中大家比较熟悉的就是赤霉素，它是水稻恶苗病菌的一种代谢产物。它对植物有很强的生理活性，一般在很低的浓度（几十万分之一）就能促使植物细胞迅速长大、叶面增大等；也可以使作物提前抽穗、开花等，缩短发育周期，提高成熟；也能打破种子、块根、块茎的休眠，催芽发苗；还能刺激果实生长，增加结果率。甚至对动物中的"僵猪"都有催长作用。因而"九二〇"广泛用于催芽、催熟和促生长。

2.2　农业土壤中常见有益微生物类型

2.2.1　固氮微生物

自 1886 年首次分离共生固氮的根瘤菌至 2006 年，已发现的固氮微生物中以根瘤菌与豆科植物所形成共生体的固氮效率最高。目前已知的所有固氮微生物都属原核生物和古菌类，主要分为三大类，自生固氮菌、共生固氮菌和联合固氮菌。在分类上主要隶属于固氮菌科（Azotobacter aceae）、根瘤菌科（Rhizo-biaceae）、红螺菌目（Rhodospirillales）、甲基球菌科（Methylococcaceae）、蓝细菌（*Cyanobacteria*）、芽孢杆菌属（*Bacillus*）和梭菌属（*Clostridium*）中的部分菌种。

2.2.1.1　固氮菌的分类

（1）按固氮菌的生活方式可将其分为自生固氮菌、共生固氮菌和联合固氮菌。

① 自生固氮菌：能独立进行固氮，在固氮酶的作用下将分子氮转化成氨，但不释放到环境中，而是进一步合成氨基酸，组成自身蛋白质。固定的氮元素只有当固氮微生物死亡后通过氨化作用才能被植物吸收，固氮效率较低。

② 共生固氮菌：只有和植物互利共生时，才能固定空气中的分子态氮。它们可分为两类：一类是与豆科植物互利共生的根瘤菌以及与栏木属、杨梅属和沙棘属等非豆科植物共生的弗兰克氏放线菌；另一类是与红萍（又称为满江红）等水生藤类植物、罗汉松等裸子植物共生的蓝藻。由蓝藻和某些真菌形成的地衣也属于这一类。

③ 联合固氮菌：必须生活在植物根际、叶面或动物肠道等才能进行固氮。这类固氮菌和共生的植物之间具有一定的专一性，但是不形成根瘤那样的特殊结构，也能自行固氮。它们的固氮特点介于自生固氮和共生固氮之间，这种固氮形式称为联合固氮。

（2）按对氧气的需求分可分为好氧固氮菌、兼性厌氧固氮菌及厌氧固氮菌。

① 好氧固氮菌：包括化能异养菌、光能异养菌、化能自养菌。

化能异养菌：固氮菌属（*Azotobacter*）、拜耶林克氏菌（*Beijerinckia*）、固氮单胞菌属（*Azomonas*）、固氮球菌属（*Azococcus*）、德克斯氏菌属（*Derxia*）、黄

色分枝杆菌（*Mycobacterium flaum*）、自养棒杆菌（*Corynebacterium autotrophicum*）、产脂螺菌（*Spirillum lipoferum*）及甲烷氧化硫杆菌等。

光能异养菌：念珠蓝菌属（*Nostoc*）、鱼腥蓝菌属（*Anabaena*）、织线蓝菌属（*Plectonema*）等。

化能自养菌：氧化亚铁硫杆菌（*Thiobacillus ferrooxidans*）。

微好氧菌主要是化能异养菌，主要有棒杆菌属（*Corynebacterium*）、固氮螺菌属（*Azospirillum*）。

② 兼性厌氧固氮菌：分为化能异养菌和光能异养菌两类。

化能异养菌：克雷伯氏菌属（*Klebsiella*）、无色杆菌属（*Achromobacter*）、多黏芽孢杆菌（*Bacillus polymyxa*）、柠檬酸杆菌属（*Citrobacter*）、欧文氏菌属（*Erwinia*）、肠杆菌属（*Enterobacter*）。

光能异养菌：红螺菌属（*Rhodospirillum*）、红假单胞菌属（*Rhodopseudomonas*）。

③ 厌氧固氮菌：也分为化能异养菌和光能自养菌两类。

化能异养菌：巴氏梭菌（*Clostridium pasteurianum*）、脱硫弧菌（*Desulfovibrio*）、脱硫肠状菌属（*Desulfotomaculum*）。

光能自养菌：着色菌属（*Chromatium*）、绿假单胞菌属（*Chloropseudomonas*）。

2.2.1.2 固氮菌群落特征

菌落呈圆形、白色，边缘光滑、透明、黏稠；细胞呈卵圆形，直径约 2 μm，有荚膜、孢囊，无芽孢，革兰氏染色阴性；淀粉水解实验、接触酶实验、细菌运动性试验、V-P 实验、产 H_2S 试验呈阳性，且能利用葡萄糖、甘露醇、苹果酸等碳源，与圆褐固氮菌菌落形态及生理生化特征高度一致（图 2-1）。

图 2-1　固氮菌电镜图

固氮菌菌体杆状、卵圆形或球形，无内生芽孢，革兰氏染色阴性。好氧、厌氧、兼性厌氧均有，有机营养型，能固定空气中的氮元素。包括固氮菌属、氮单孢菌属、拜耶林克氏菌属和德克斯氏菌属。固氮菌肥料多由固氮菌属的成员制成。氮是植物生长不可缺少的元素，是合成蛋白质的主要来源。固氮菌擅长从空中吸收氮，它们能把空气中植物无法吸收的氮气转化成氮肥，源源不断地供给植物。

固氮菌在土壤中分布很广，其分布主要受土壤中有机质含量、酸碱度、土壤湿度、土壤熟化程度及速效磷、钾、钙含量的影响。固氮菌肥对棉花、水稻、小麦、花生、油菜、玉米、高粱、马铃薯、烟草、甘蔗等都有一定增产作用。所有的固氮菌都有固氮酶，在严格厌氧微环境中进行固氮。生物固氮对全球生物圈的存在、繁荣与发展极为重要，对人类的生存和农业增产也有极其重要的作用。

（1）固氮菌对土壤酸碱度反应敏感，其最适宜 pH 为 7.4～7.6，酸性土壤上施用固氮菌肥时，应配合施用石灰以提高固氮效率。过酸、过碱的肥料或有杀菌作用的农药，都不宜与固氮菌肥混施，以免发生强烈的抑制。

（2）固氮菌对提高土壤湿度要求较高，当土壤湿度为田间最大持水量的 25%～40%时才开始生长，60%～70%时生长最好。因此，施用固氮菌肥时要注意土壤水分条件。

（3）固氮菌是中温性细菌，最适宜的生长温度为 25～30 ℃，低于 10 ℃或高于 40 ℃时，生长就会受到抑制。因此，固氮菌肥要保存于阴凉处，并要保持一定的湿度，严防暴晒。

（4）固氮菌只有在碳水化合物丰富而又缺少化合态氮的环境中，才能充分发挥固氮作用。土壤中碳氮比低于(40∶1)～(70∶1)时，固氮作用迅速停止。土壤中适宜的碳氮比是固氮菌发展成优势菌种最重要的条件。因此，固氮菌最好施在富含有机质的土壤上，或与有机肥料配合施用。

（5）土壤中施用大量氮肥后，应隔 10 d 左右再施固氮菌肥，否则会降低固氮菌的固氮能力。但固氮菌剂与磷、钾及微量元素配合施用，则能提高固氮菌的活性，特别是在贫瘠的土壤上。

（6）固氮菌肥适用于各种作物，特别是对禾本科作物和蔬菜中的叶菜类效果明显。固氮菌肥一般用作拌种，随拌随播，随即覆土，以避免阳光直射。也可蘸秧根或作基肥施在蔬菜苗床上，或与棉花盖种肥混施；追施于作物根部；结合灌溉追施。在无氮培养、温度 18～40 ℃时，菌株均能生长且有固氮酶活性，其最适生长及最适固氮的温度为 26～37 ℃；在偏酸（pH 5.0）和偏碱（pH 8.0）的条件下，菌株均能保持较强的生长势和较高的固氮酶活性，并能通过调节自身代谢适应环境的酸、碱变化，使培养液趋近中性；培养液中 NaCl 浓度在 0.5～2.5 g/L、$(NH_4)_2SO_4$ 浓度在 0.05～0.50 g/L 时，菌株均能保持旺盛生长且有较高的固氮酶活性。

2.2.1.3　根瘤菌属

根瘤菌（*Rizobium*）是根际微生物群落的重要成员。这类细菌能通过对特异性豆科植物宿主的侵染、结瘤，从而与植物建立共生关系，固定氮气供植物利用。

形态：杆状，（0.5～0.9）μm×（1.2～3.0）μm，通常含有聚 β-羟基丁酸盐颗粒，不产生芽孢，革兰氏阴性。凭借一根极毛或亚极毛、1～3 根以上的周毛运动。好氧，以氧为末端电子受体的严格呼吸型。菌落呈圆形、凸起、有黏液，在酵母膏、甘露醇、无机盐和琼脂的培养基中培养 3～5 d 后直径一般为 2～4 mm（图 2-2）。在 3～5 d 的培养液中培养有显著的浊度。

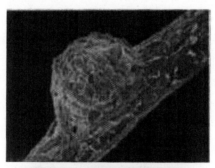
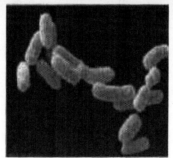

图 2-2　根瘤菌属电镜图

生理生化特征：最适温度 25～30 ℃，但多数菌株在 35 ℃和 10 ℃也能生长；最适 pH 6.0～8.0，有的菌株能在 pH 5.0 中生长，有的菌株能在 pH 10.0 中生长。多数菌株可生长于 1.0% NaCl，但在 1.5% NaCl 不能生长，存在少数菌株可在 4.5% NaCl 的 YMA 培养基上生长。以下底物可作为唯一碳源：葡萄糖、D-阿拉伯糖、纤维二糖、果糖、D-半乳糖、D-甘露糖、甘露醇、L-谷酰胺、乳糖、D-核糖、琥珀酸盐、木糖和 D-松二糖。以下底物不能作为唯一碳源：酒石酸胺、草酸胺、纤维素、卫矛醇、岩糖、甘氨酸、山梨糖、藻朊酸钠和香草酸。可在YMA培养基上产酸。所有菌株需要泛酸和烟酸，对维生素的需求差异大。共生固氮，寄主范围很窄，只能在豆科植物有效生瘤。模式菌株为费氏中华根瘤菌（*Sinorhizobium fredii*）。

2.2.1.4 固氮菌科

1901 年，M. W. 拜耶林克首先发现并描述了这类细菌（Azotobacteraceae），由他定名的有 2 个种：一是褐色固氮菌，常生存于中性或碱性土壤中；一是活泼固氮菌，常生存于水中。

形态：这些细菌菌体呈杆状、卵圆或球形，无内生芽孢，可形成孢囊（图 2-3）；革兰氏染色阴性；G+C 含量在 63.2%～67.5%。

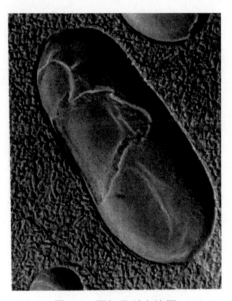

图 2-3　固氮菌科电镜图

生理生化特征：属严格好氧型，有机营养型细菌，能利用简单糖类作为碳源和能源，有的能利用淀粉，但不能利用纤维素。能固定空气中的氮，在培养条件下，每消耗 1 g 碳水化合物约能固定 10 mg 氮，固氮效能虽不及共生的根瘤菌，但因其分布广，在自然界的氮素转化中仍具重要意义。固氮菌一般生活于土壤或水中，在各类耕作土壤中数量较多。有些固氮菌生长在作物的根际，有些生长在植物的叶面。

2.2.1.5 红螺菌属

形态：红螺菌属（*Rhodospirillum Molisch*）细胞呈弧形或螺旋形，直径 0.8～

1.5 μm，细胞行二分分裂，革兰氏阴性。光合色素为细菌叶绿素 a 和螺菌黄质系类胡萝卜素（图2-4）。

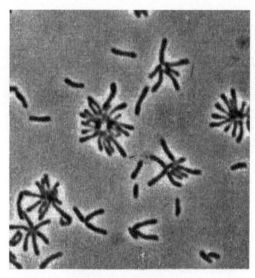

图 2-4　红螺菌属电镜图

生理生化特征：醌类以 Q 或 RQ 为主；淡水菌种，生长不需氯化钠；细胞喜在光照厌氧条件下光异养生长；但可在黑暗条件下微好氧或好氧生长，生长需生长因子。G+C 含量为 63%～66%。

模式种：深红红螺菌（*Rhodospirillum rubrum*）。

2.2.1.6　着色菌属

形态：着色菌属（*Chromatium*），二分分裂，极生鞭毛单个或多个。单个或成对存在，或者粘连在一起形成块状物。革兰氏阴性。光合色素为细菌叶绿素 a 和 1～4 型类胡萝卜素，位于囊泡状光合内膜上。不含有气泡。

生理生化特征：厌氧条件下，所有的种都能以硫化氢或硫元素作为电子供体进行光能化能自养生长；元素硫作为中间氧化产物以高折光性硫粒形式储存在细胞内。硫酸盐是最终氧化产物。分子氢也可能用作电子供体。所有种都可能同化一些简单的有机化合物进行混养生长；醋酸盐或丙酮酸盐使用最广。中温菌，最佳生长温度范围 20～40 ℃。

储存物：多糖，聚 β-羟基丁酸盐，聚磷酸盐。G+C 含量为 48.0%～70.4%。

模式种：奥氏着色菌（*Chromatium okenii*）。

2.2.2 芽孢杆菌

分类地位：细菌界厚壁菌门，芽孢杆菌纲，芽孢杆菌目，芽孢杆菌科，芽孢杆菌属。

2.2.2.1 枯草芽孢杆菌

形态：枯草芽孢杆菌（*Bacillus subtilis*）无荚膜，周生鞭毛，能运动。革兰氏阳性菌，可形成内生抗逆芽孢，芽孢（0.6~0.9）μm×（1.0~1.5）μm，椭圆或柱状，位于菌体中央或稍偏，芽孢形成后菌体不膨大（图2-5）。生长、繁殖速度较快，菌落表面粗糙不透明，灰白色或微黄色，在液体培养基中生长时，常形成褶皱，是一种需氧菌。

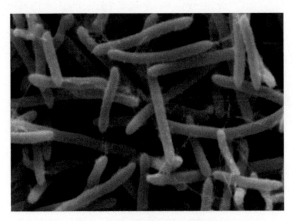

图2-5　枯草芽孢杆菌电镜图

生理生化特征：可利用蛋白质、多种糖及淀粉，分解色氨酸形成吲哚。枯草芽孢杆菌具有孢子休眠期、生殖生长期两个生长时期，枯草芽孢杆菌会在生长环境恶劣、营养物质缺乏等不适宜的环境下进入孢子休眠期，并且形成具有极强抗逆作用、在高温等极性环境下亦可生存的芽孢，从而适应环境得以生存。一旦环境变得适宜生长、营养充足，芽孢会自动进入生殖生长期，芽孢重新生长为枯草芽孢杆菌。从作物的根际土壤、根表、植株及叶片上分离筛选出的枯草芽孢杆菌菌株对不同作物的众多真菌和细菌病害具有拮抗作用。

2.2.2.2 胶冻样类芽孢杆菌

形态：胶冻样类芽孢杆菌（*Bacillus mucilaginosus*）细胞呈杆状，革兰氏染色阳性、阴性或可变，以周生鞭毛运动（图2-6）。

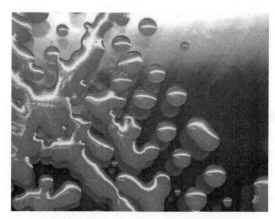

图 2-6　胶冻样类芽孢杆菌形态图

生理生化特征：是一种能分解硅酸盐矿物的细菌（也称硅酸盐细菌），具有分解硅酸盐矿物、溶磷、解钾、固氮等作用，不仅可提高土壤中可溶性磷、钾的含量，还可通过分泌植物生长激素及多种酶而促进植物的生长、提高抗病性。

2.2.2.3　地衣芽孢杆菌

形态：地衣芽孢杆菌（*Bacillus licheniformis*）革兰氏染色呈阳性，细菌呈直杆状，单个、成对或短链排列。有芽孢，芽孢近椭圆形，中生，芽孢囊不膨大；在营养琼脂培养基上的菌落微黄色，形态不规则，扁平，不透明，在光照下菌落边缘较中央略透明，表面湿润、有光泽，向边缘扩张（图 2-7）。

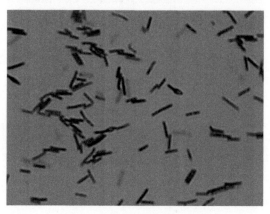

图 2-7　地衣芽孢杆菌形态图

生理生化特征：它可能以孢子形式存在，从而抵抗恶劣的环境；在良好环境下，则可以生长态存在。该细菌可调整菌群失调达到治疗目的，可促使机体产生抗菌活性物质、杀灭致病菌；能产生抗活性物质，并具有独特的生物夺氧作用机制，能抑制致病菌的生长繁殖。

2.2.2.4 巨大芽孢杆菌

形态：巨大芽孢杆菌（*Bacillus megaterium*）杆状，末端圆，单个或呈短链排列。（1.2～1.5）μm×（2.0～4.0）μm，严格好氧，能运动，革兰氏阳性，芽孢（1.0～1.2）μm×（1.5～2.0）μm，椭圆形，中生或次端生，芽孢从椭圆形到长形不等（图 2-8）。培养 12 h 内，菌体呈粗大杆状，细胞呈柱状、椭圆或梨形，两端钝圆，大小为（2.6～6.0）μm×（1.5～2.0）μm。有时链状，稍能游动，革兰氏染色阳性，严格好氧；培养 24 h 后，菌体内逐渐形成芽孢失去游动性。芽孢椭圆形，大小为（1.1～1.2）μm×（0.7～1.7）μm，位于杆状菌体中部，48 h 菌体开始融化，芽孢散出，不宜着色。菌落有光泽或稍暗，有时稍有皱纹。随菌龄增长，常呈黄色，长时间培养后，菌落和培养基变褐色或黑色。

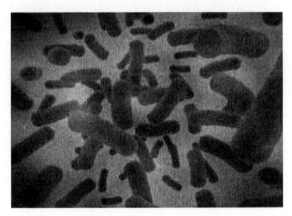

图 2-8　巨大芽孢杆菌形态图

生理生化特征：能利用多种糖类，可水解淀粉，发酵葡萄糖、乳糖，蔗糖，产酸不产气，液化明胶，呈漏斗形，石蕊牛乳产酸并胨化。生长适温 37 ℃，25～30 ℃也能生长；生长 pH 范围 6.0～8.0，最适 pH 为 7.0～7.5。需氧性。可水解淀粉和酪素；V-P 反应和卵黄反应阴性。琼脂平板生长呈微波状，平隆，浅黄白色转浅灰白色至浅灰褐色，表面略有光泽，在马铃薯块上生长，由浅黄灰色变为灰色。液化明胶慢、可胨化牛奶、可水解淀粉、不还原硝酸。工业上用于生产葡萄糖异构酶，巨大芽孢杆菌在回收贵重金属方面有着重要作用，还能降解土壤中难溶的含磷化合物，使之成为作物能吸收的可溶物。巨大芽孢杆菌与球形芽孢杆菌混合培养时具有固氮增效作用，非常适合制成微生物肥料。

2.2.2.5　解淀粉芽孢杆菌

形态：解淀粉芽孢杆菌（*Bacillus amyloliquefaciens*）属兼性厌氧菌，菌落在 LB 培养基上和牛肉膏蛋白胨培养基上呈淡黄色不透明菌落，表面粗糙，有隆起，边缘不规则，在多种培养基上均不产色素；液体培养静止时有菌膜形成；革兰氏染色呈阳性，杆状，可形成内生芽孢，呈椭圆形，两端钝圆，芽孢囊不膨大，中生到次端生（图 2-9）。

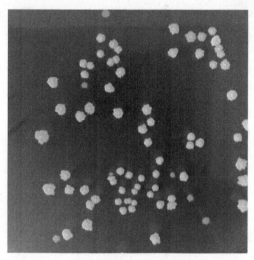

图 2-9　解淀粉芽孢杆菌形态图

生理生化特征：解淀粉芽孢杆菌可产生多种 α-淀粉酶及蛋白酶，与枯草芽孢杆菌在形态、培养特征及生理生化特性方面非常相似；有运动性；可水解淀粉和明胶，乙酰甲基甲醇（V-P）试验阴性，硝酸盐还原试验阴性，苯丙氨酸脱氨酶试验、吲哚试验、甲基红（MR）试验、硫化氢试验均为阴性。研究表明，不同的解淀粉芽孢杆菌菌株对培养基成分及培养条件要求不同，但是总体来说维持在一定的范围内，在基本培养基中能够良好地生长，其培养温度一般为 31～37 ℃，培养液 pH 为中性，180～200 r/min 培养时间 16～24 h 为宜。

2.2.2.6　侧孢短芽孢杆菌

形态：侧孢短芽孢杆菌（*Brevibacillus laterosporus*）是一种杆状、产内生孢子的兼性厌氧细菌，能够产生其特有的独木舟状伴孢体，紧紧地依附于芽孢一侧，其芽孢侧生这一典型特点，可通过显微镜镜检法作初步鉴别。侧孢短芽孢杆菌细胞大小约为（0.5～0.8）μm×（2.5～5.0）μm，生长温度范围 15～45 ℃，适宜的 pH 范围 6～9（图 2-10）。

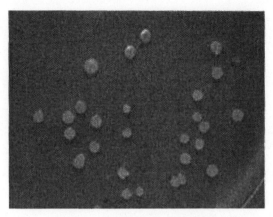

图 2-10　侧孢短芽孢杆菌形态图

生理生化特征：不水解淀粉，兼性厌氧，葡萄糖培养液中培养物 pH 小于 8。

2.2.3　酿酒酵母

形态：酿酒酵母（*Saccharomyces cerevisiae*）是单细胞，卵圆形或球形，具细胞壁、细胞质膜、细胞核（极微小，常不易见到）、液泡、线粒体及各种贮藏物质，如油滴、肝糖等。酿酒酵母生长在麦芽汁琼脂培养基上的酿酒酵母菌落为乳白色，有光泽、平坦、边缘整齐；细胞宽度 2.5～10 μm，长度 4.5～21 μm，长与宽之比为 1～2，多为圆形、卵圆形或卵形。能产生子囊孢子，每囊有 1～4 个圆形光面的子囊孢子（图 2-11）。

图 2-11　酿酒酵母形态

生理生化特征：能发酵葡萄糖、麦芽糖、半乳糖、蔗糖及 1/3 棉子糖，不能发酵乳糖和蜜二糖，不同化硝酸盐。

2.2.4　细黄链霉菌

分类地位：细菌界，放线菌门，放线菌纲，放线菌目，链霉菌科，链霉菌属，细黄连霉菌种。

形态：细黄链霉菌（*Streptomyces microflavus*）孢子丝直或柔曲。孢子卵圆形至杆状，表面光滑。有发育良好的分枝菌丝，菌丝无横隔，分化为营养菌丝、气生菌丝、65孢子丝。孢子丝再形成分生孢子。孢子丝螺旋形，螺旋数目一般1～3圈。孢子柱形，0.8 μm×（1.3～1.7）μm（图2-12）。

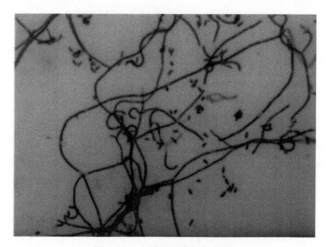

图2-12　细黄链霉菌形态图

生理生化特征：可产生纺锤菌素、螺旋霉素，对革兰氏阳性或阴性细菌、酵母菌、丝状真菌都有抑制作用。常用于农业上防病保苗，同时可作菌肥，能转化土壤中氮磷元素，提高土壤肥力，并有刺激作物生长作用。

2.2.5　植物乳杆菌

分类地位：细菌界，厚壁菌门，芽孢杆菌纲，乳杆菌目，乳杆菌科，乳杆菌属。

形态：植物乳杆菌（*Lactobacillus plantarum*）圆端直杆菌，通常为（0.9～1.2）μm×（3.0～8.0）μm，单个、成对或短链状。通常缺乏鞭毛，但能运动。革兰氏阳性，不生芽孢。兼性厌氧，表面菌落直径约3 mm，凸起，呈圆形，表面光滑，细密，色白，偶尔呈浅黄或深黄色（图2-13）。

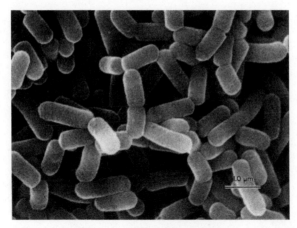
图 2-13　植物乳杆菌形态图

生理生化特征：属化能异养菌，生长需要营养丰富的培养基，需要泛酸钙和烟酸，但不需要硫胺素、吡哆醛或吡哆胺、叶酸、维生素 B_{12}。能发酵戊糖或葡萄糖酸盐，终产物中 85%以上是乳酸。通常不还原硝酸盐，不液化明胶。能生产 DL-乳酸，能在葡萄酸盐中生长，并产 CO_2。发酵 1 分子核糖或其他的戊糖生成 1 分子乳酸和 1 分子乙酸。15 ℃能生长，通常最适生长温度为 30～35 ℃。圆端直杆菌，单个、成对或短链状，菌落圆形、光滑、乳黄色。细胞杆形，单个或成对；革兰氏阳性；通常缺乏鞭毛，但能运动；不形成芽孢；趋酸，厌氧，即使菌株在空气中也发酵代谢。常常发酵 α-甲基-D-葡糖苷和松三糖，有些菌株发酵 α-甲基-D-甘露糖苷，有些发酵阿拉伯糖、木糖。通常不还原硝酸盐，可使牛奶酸化。在加有碳酸钙的琼脂平板上生长能产生透明圈。

2.2.6　黑曲霉

分类地位：子囊菌亚门，丝孢目，丛梗孢科，曲霉属中的一个常见种。

形态：黑曲霉（*Aspergillus niger*）菌丛呈黑褐色，顶囊大球形，小梗双层，小梗上长有成串褐黑色的球状物，直径 2.5～4.0 μm 的分生孢子。分生孢子头球状，直径 700～800 μm，褐黑色，平滑或粗糙（图 2-14）。菌丝发达，多分枝，有多核的多细胞真菌。分生孢子梗由特化了的厚壁而膨大的菌丝细胞（足细胞）上垂直生出；分生孢子头状如"菊花"。黑曲霉的菌丝、孢子经常呈现各种颜色，如黑、棕、绿、黄、橙、褐等，菌种不同，颜色也不同。

生理生化特征：在生物肥料工业上黑曲霉可裂解大分子有机物和难溶无机物，便于作物吸收利用，可改善土壤结构，增强土壤肥力，提高作物产量。在高温、高湿环境下，黑曲霉容易大量生长繁殖，产酶生热，侵染棉花时引起落花或烂铃，侵染洋葱鳞片表面生大量黑粉，梅雨季节亦容易引起衣物发霉等。

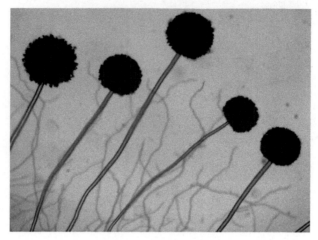

图 2-14   黑曲霉显微照片

2.3   农业土壤中常见微生物的功能

2.3.1   固氮菌的功能

根据微生物与植物之间的关系，可以将固氮菌分为三种类型：共生固氮菌、自生固氮菌和联合固氮菌。其中自生固氮菌和联合固氮菌统称为非共生固氮菌。共生固氮是指固氮微生物与植物互利共生进行固氮，主要有蓝藻共生固氮体系、豆科植物共生固氮体系和非豆科植物共生固氮体系。自生固氮是指固氮微生物与植物没有依存关系，能够独立进行固氮，如圆褐固氮菌、棕色固氮菌、产酸克氏杆菌。联合固氮作用是介于自生固氮和共生固氮体系之间的一种固氮类型，其与植物有着亲密关系，但是不与植物形成类似根瘤的特异结构。这类菌株主要分布在植物根系表面，有部分则侵入植物根的表皮皮层组织或者进入维管组织。固氮菌不但具有固氮作用，还有生物防治、促进植物生长、修复土壤重金属污染等功能。

（1）促进植物生长

联合固氮菌将固定的氮直接提供给植物吸收同化，有些则将固定大气中的氮气部分提供给宿主吸收利用，其余部分被细菌转化为细胞氮，由于细菌的生命周期比植物短得多，细菌死亡崩解后释放的有机氮也能逐步为植物根系吸收。

有些根际联合固氮菌还可以产生植物激素（如生长素、赤霉素、细胞分裂素等），这些植物激素影响宿主根的呼吸速率和代谢，并刺激侧根生长，使根毛数目增多，根系发达。从而在不同的环境和土壤条件下促进植物的生长，尤其是幼苗期的生长。有报道指出某些内生固氮菌具有促进作物生长、提高产量的作用，如固氮醋酸杆菌可以使甘蔗产量提高 2 倍。

固氮菌还可以通过磷酸盐的溶磷作用促进植物的生长，其溶磷机制主要是通过释放各种有机酸，从而提高植物对磷的利用率。溶磷作用在 ATP 合成与信号转导、细胞膜的生物合成、成瘤作用中起重要作用，可以加速土壤中无效磷的有效化，从而促进植物的生长。

（2）修复土壤重金属污染

固氮菌可依靠植物根瘤促进对重金属的吸收和固定。固氮菌在根瘤里可以自由移动，可作为吸附剂储存和固定重金属离子，增加植物根瘤内金属的积累量。根瘤可作为金属缓冲区，提供植物进一步对抗入侵的有害离子所需的蛋白质，扩大了植物吸收储存金属的区域，从而降低了重金属离子对植物的直接毒害作用。固氮菌可通过甲基化代谢产物的螯合作用等方式改变土壤中重金属离子的生物活性，促进植物对重金属的吸收和固定。固氮菌通过甲基化酶的作用与重金属离子结合，如通过 Hg、Se、Te、Pb 等重金属离子甲基化，改变土壤中重金属离子的溶解度。根瘤菌联合豆科植物在修复重金属污染中作用明显，豆科植物黄花羽扇豆和根瘤菌共生系统对土壤中铜、锌、铬、铅的固定量较高，并且随着土壤污染程度的增加，植物根和茎对重金属离子的积累量会大幅度增加。

（3）植物病害防治

内生固氮菌定殖在植物体内占据了植物上的生态位点，使病原菌由于生存空间的限制而难以入侵和定殖，这些细菌还可以与病原菌形成营养竞争关系，使病原菌得不到营养而死亡。另一方面是由于有些联合固氮菌能够分泌氧肟酸类或邻苯二酚等高铁载体，可以抑制土壤病原微生物的生长与繁殖，增强植物抗逆性。

2.3.2 枯草芽孢杆菌的功能

枯草芽孢杆菌作为一种安全、高效、环保、功能多样的细菌，具有极高研究开发潜力，日益成为众多生物科技工作者关注热点。目前其已在生物农药和生物肥料领域初步实现产业化，因其代谢产物的多功能性，也在农林植物培育与保护、畜牧饲料、食品加工、环境保护等众多领域得到广泛应用。

（1）用于生物防治

目前，在农林病虫害多种绿色防控措施中，生物防治手段因环境友好性和可持续效果好，备受青睐。枯草芽孢杆菌是一种常见的植物病害生物防治微生物，其通过产生多种抗菌物质如蛋白质、肽类、脂肽类和挥发性物质等抑制真菌、细菌、病毒和植原体的正常生长，在植物病害防治方面具有重要的应用价值。许多枯草芽孢杆菌的天然分离菌株已成功应用于植物病害的生物防治，例如国内已开发成功并投入生产的枯草芽孢杆菌商品制剂有百抗、麦丰宁、纹曲宁、依天得、根腐消等。百泰的核心菌株枯草芽孢杆菌 Y1336，不仅对水稻、小麦、蔬菜等多种农作物真菌病害有优异防治作用，在种群的定殖过程中，自身会分泌一定量植物生长素，刺激作物生根分蘖出芽等过程，从而改善植物生长状况，提高品质和产量。枯草芽孢杆菌对小麦全蚀病菌、苹果树腐烂病菌、番茄灰霉病菌、番茄早疫病菌、油菜菌核病菌和苹果纹枯病菌等多种病原真菌有很好的抑菌活性，并在小麦全蚀病和小麦条锈病的生物防治方面具有显著防治效果。枯草芽孢杆菌 B99-2 对番茄立枯病水稻纹枯病、番茄叶霉病、黄连白绢病及韭菜根腐病等有较好的防治效果。

（2）用于制备生物肥料

枯草芽孢杆菌能诱导作物在逆境中产生抗性。尹汉文等研究发现在 1 g/L 氯化钠胁迫下，添加枯草芽孢杆菌增加了苜蓿株高与叶面积，苜蓿产量较未添加菌剂处理增加 18%，且在一定程度上提高了苜蓿的耐盐性。

枯草芽孢杆菌能够分泌促进植物生长的活性物质，促进作物生长，有助于增产增收。经枯草芽孢杆菌 GB03 菌液浸泡处理后的紫花苜蓿种子，发芽势与发芽率均显著提高，株高、根长和生物量在不同盐浓度处理下，均有不同程度提升。蔡学清等研究发现涂抹接种枯草芽孢杆菌 BS-2 菌株后，辣椒苗鲜重和干重分别较对照组增加 168.70% 和 181.25%，主要机制之一就是诱导辣椒体内吲哚乙酸等促进植物生长激素含量的提高，并降低脱落酸等抑制植物生长激素的形成。

枯草芽孢杆菌能够改良土壤，主要表现在调节土壤养分，改变土壤微生物菌群结构，分解土壤残留农药等方面。施用枯草芽孢杆菌可以显著增加土壤碱解氮、速效磷、速效钾和全钾含量。徐洪宇等研究表明，枯草芽孢杆菌有机肥可以分别提高植烟土壤有机质、有效磷、速效钾和全钾含量 8.38%、12.6%、5.51% 和 10.6%。韩晓阳等研究发现，在茶园施用枯草芽孢杆菌 K2 菌株以后，速效钾和磷含量比对照组分别提高 28.4% 和 28.5%。

此外，枯草芽孢杆菌对污染土壤也有良好的修复效果。闫志宇等应用获得的高效乙草胺降解菌株枯草芽孢杆菌 L3 盆栽试验修复处理乙草胺污染土壤，发现其对乙草胺降解效果和土壤修复能力良好，土壤全氮、有效磷、速效钾、有机质分别提高 77%、159%、698% 和 274%。周亮成等研究指出，枯草芽孢杆菌 BSF01 菌剂能消除农田拟除虫菊酯类农药残留污染。乔宏兴等还发现两株枯草芽孢杆菌通过协同作用可显著提高对黄曲霉毒素 B_1 的降解率，其协同降解率最高可达 88.43%。

（3）用作畜牧饲料的功能菌

枯草芽孢杆菌属于需氧菌，进入肠道后可以消耗肠道内氧气，造成低氧环境，有利于厌氧菌的生长，从而调节肠道微生态平衡；并且枯草芽孢杆菌代谢产物中含有蛋白酶、淀粉酶等酶类，有助于提高饲料转化率，便于动物吸收利用；枯草芽孢杆菌还可以刺激动物的免疫器官，增强机体免疫能力。枯草芽孢杆菌微生态制剂目前已应用于家禽、家畜以及水产养殖等领域。蒋一秀等探讨了枯草芽孢杆菌对如皋黄鸡肠道 pH 值、养分表观消化率及粪便中氨气和硫化氢释放量的影响，结果显示各试验组的氮、磷表观消化率与对照组相比均有所提高，各试验组粪便中氨气和硫化氢释放量均呈下降趋势，研究表明在饲料中添加枯草芽孢杆菌可以有效促进家禽对饲料中氮、磷的消化吸收，减少粪便中氨气、硫化氢的释放量，从而减轻环境污染。祝天龙等研究了枯草芽孢杆菌对仔猪免疫性能的综合影响，测定仔猪血清中 IgG、IgA、IgM 的含量以及补体 C3、C4 水平，发现添加枯草芽孢杆菌制剂后，仔猪血清中 IgG、IgA 含量和补体 C3、C4 水平均有明显提高，而 IgM 含量虽未明显提高，但表现出增长趋势（$p<0.05$）。

2.3.3 胶冻样类芽孢杆菌的功能

胶冻样类芽孢杆菌是一种能够分解硅酸盐矿物的细菌，因此被称为硅酸盐细菌。由于该菌株具有分解钾长石、云母等铝硅盐类原生质态矿物的能力，使土壤中的不溶性 K、P、Si 等转变为可溶性元素供植物利用，同时还可产生多种生物活性物质以促进植物生长，因而其在农业上获得了广泛应用。

（1）溶磷解钾性能

硅酸盐细菌具有分解土壤中的含钾矿物质释放钾元素的能力，也能活化硅、磷等多种营养元素供作物吸收利用增加作物产量，亦有报道称其具有固氮功能。王雯等分离的胶冻样类芽孢杆菌 CX-7 菌株，其溶磷解钾活性分别为有机磷 3.18 mg/L、无机磷 71.60 mg/L、钾长石 3.44 mg/L；通过玉米盆栽试验验证了 CX-7 菌株的应用效果，结果表明叶面积增加 5.6%，株高增高 8.0%，干重、湿重增加率分别为 21.6% 和 68.3%，土壤中速效钾和有效磷的含量高于对照组，进一步研究发现该菌株还可以分泌抗菌肽。陈慧君等将含胶冻样类芽孢杆菌的微生物菌剂用于不同作物上的增产效果幅度在 10.5%～14.8%；含枯草芽孢杆菌和胶冻样类芽孢杆菌的 2 个单一菌种的菌剂，在水稻的应用效果上比对照组分别增产 10.3%和 10.7%，而由它们复合的菌剂产品在水稻上的应用效果比对照组增产 16.1%，表明多菌种组配的菌剂产品具有功能叠加的效应。张爱民等采用新分离的胶冻样类芽孢杆菌 CX-9 菌株通过发酵离心和喷雾干燥工艺处理并与草炭载体复配研制出了含菌量高达 50×10^8 CFU/g 的肥料制剂，应用该制剂在烟草上进行了大田对比实验，实验结果表明施用该肥料制剂可减少传统烟草种植模式专用肥的用量并可提高烟草产量，改善烟草品质。

（2）拮抗作用

类芽孢杆菌属菌株的重要特点是大多产生具有拮抗作用的二级代谢产物，胶冻样类芽孢杆菌也具有该特点。胡亮亮等从土壤中分离得到具有高抑真菌活性胶冻样类芽孢杆菌菌株 PS04，该菌株产生的抗真菌素具有较好的水溶性和耐热性，进一步研究发现该菌产生的胞外多聚果糖能诱导植物防御酶活性增加。赵远征等发现施用 50 亿 CFU/g 枯草芽孢杆菌与胶冻样类芽孢杆菌混合粉剂不仅可以降低马铃薯黑痣病的发病率，也具有增产效果。王松等报道了胶冻样类芽孢杆菌微粒剂可以防治芹菜根结线虫病，且可使芹菜增产。

（3）Cd 污染土壤修复

对土壤 Cd 污染的生物修复研究发现某些微生物可通过生物吸附降低土壤中有效态 Cd 含量，而某些微生物可以增加土壤 Cd 的活性从而可进一步通过植物提取的方法来修复 Cd 污染土壤。王小敏等研究发现胶冻样类芽孢杆在短期实验内可以明显增加土壤提取态 Cd 含量。纪宏伟等在研究巨大芽孢杆菌与胶冻样类芽孢杆菌对印度芥菜修复 Cd 污染土壤的影响中发现接种混合菌发酵液时可促进印度芥菜的生长，增加土壤有效态 Cd 含量，从而提高了印度芥菜对 Cd 污染土壤的修复效率。

2.3.4　地衣芽孢杆菌的功能

地衣芽孢杆菌是芽孢杆菌中较具应用潜力的菌种之一，其在植物病害防治、饲料加工、医药开发、环境污染治理等方面具有重要的应用前景。近年来，国内外对于地衣芽孢杆菌应用的研究日益增多。

（1）植物病害防治

地衣芽孢杆菌通过产生抑制病原菌生长的代谢产物，分泌溶解病原菌细胞壁或细胞膜的溶菌物质，甚至促进植物生长，诱导植物系统抗病性，进而发挥其生防作用。早在 20 世纪 80 年代，人们就利用地衣芽孢杆菌防治植物病害。地衣芽孢杆菌防治的植物病害较为广泛，其中，防治的真菌性病害有大豆炭疽病、桃褐腐病、辣椒根腐病、稻瘟病、草莓灰霉病、小麦赤霉病、玉米小斑病等；细菌性病害有生姜细菌性枯萎病、烟草青枯病、马铃薯疮痂病等；病毒病有苜蓿花叶病毒病等；线虫病害有根瘤线虫、松材线虫等。

国内外关于地衣芽孢杆菌生防作用机制的研究报道有很多，主要包括拮抗作用、竞争作用、溶菌作用、诱导抗病作用、促生作用等。地衣芽孢杆菌所产生的抗菌物质主要是一些蛋白类抗菌物质（几丁质酶、抗菌蛋白、多肽类）。国外还有报道指出，地衣芽孢杆菌可产生苯乙酸类的抗菌物质。抗菌物质抑制植物病原菌的途径有：作用于病原菌的细胞壁、细胞膜，与膜相关的受体蛋白相互作用，作用于能量代谢系统，提高植物的抗病力。

（2）环境污染治理

地衣芽孢杆菌可以降解拟除虫菊酯类农药残留。丁海涛等在拟除虫菊酯类农药残留降解菌筛选试验中，筛选出地衣芽孢杆菌 qw5 所产生的特异性酶可与氰戊菊酯羧酸酯键断裂的相应产物发生作用，加速其分解。田间试验结果表明，地衣芽孢杆菌 qw5 对田间拟除虫菊酯残留 5 d 内的去除率可达 90% 以上。此外，地衣芽孢杆菌还能够吸附重金属。周鸣等研究发现地衣芽孢杆菌死菌体对 Cr^{6+} 具有较好的吸附效果，在优化条件下：温度为 50 ℃，摇床转速 140 r/min，溶液 pH 2.5，吸附时间 2 h，菌体浓度 1 g/L，Cr^{6+} 起始浓度 300 mg/L，菌体对 Cr^{6+} 有最大吸附量 60.5 mg/g。苏赵等研究结果表明，地衣芽孢杆菌 B-1 可以降解西维因，并且高温及碱性条件有助于降解，此菌对 20 mg/L 的毒死蜱、丁硫克百威也有一定降解作用。

（3）用于饲料工业

地衣芽孢杆菌在生长过程中可分泌蛋白酶淀粉酶和脂肪酶等多种有助于消化吸收的酶类，此外，在降低和消除抗营养因子上也发挥了重要作用。地衣芽孢杆菌生长条件要求低、繁殖快、能迅速定殖在肠黏膜上，在短时间内成为肠道的优势菌群，能调节动物肠道菌群平衡，改善肠道微生态环境，促进动物生长、减少动物肠道疾病的发生，提高动物机体的抗病力；同时还具有免疫抑制、竞争性吸附及合成抑菌物质等多方面的作用。地衣芽孢杆菌能刺激动物免疫器官的生长发育，激活淋巴细胞提高免疫球蛋白和抗体水平，增强细胞免疫和体液免疫功能，提高机体免疫力。

2.3.5　巨大芽孢杆菌的功能

巨大芽孢杆菌是一种很有潜力的功能型细菌，具有营养要求低、培养条件简便、生长快等优点，现已广泛应用于微生物肥料、生物防治、水体净化、畜牧养殖和酶工程表达系统上。

（1）土壤修复

巨大芽孢杆菌是一种根际促生菌，有较强的溶磷能力，可将土壤中难溶性磷转化成可溶性磷供植物利用，从而降低化肥施用量，减少经济损失。方春玉等将从白酒废水处理系统的活性污泥中分离的、具有溶磷特性巨大芽孢杆菌用于白酒废水的活性污泥的处理，活性污泥中可溶性磷的提升可增加其应用于复合肥生产的价值。赵树民等发现接种巨大芽孢杆菌 LY02 对黑麦草修复 Cd 和 Cu 污染土壤具有促进作用，显著增加了污染土壤中有效磷和有效铁的含量，其中 Cu 污染土壤的有效磷和有效铁增幅最大，有效磷和有效铁的含量分别比对照组增加了26.7%和 152.5%，且与对照组之间差异显著，从而改善了黑麦草在重金属胁迫环境中的生长状态。巨大芽孢杆菌还可以将土壤中的钾转化为速效钾，促进植物吸收，提高产量。自 1958 年日本研究者 Hin 首次发现具有高固氮活性的巨大芽孢杆菌固氮菌株后，有固氮作用的巨大芽孢杆菌菌株不断被发现，其被认为是具有较强固氮能力的需氧芽孢杆菌。

除具有溶磷、解钾和固氮功能外，巨大芽孢杆菌还可以降解土壤中的有毒污染物。耿婧等研究利用巨大芽孢杆菌降解菲，指出可以进一步将该菌施放到被菲污染的农田中用于修复菲污染。刘莹等将固定化巨大芽孢杆菌用于杀虫单污染土壤的修复，取得较好效果。基于巨大芽孢杆菌以上性能，可以将其制成微生物肥料用于农业生产。

（2）生物防治

近年来关于巨大芽孢杆菌生防作用的研究较多，秦健等研究了巨大芽孢杆菌 B196 的抑菌作用，发现其可以抑制水稻纹枯病菌、水稻细菌性条斑病菌、水稻白叶枯病菌、番茄青枯病菌、烟草赤星病菌、烟草灰霉病菌、玉米白绢病菌和西瓜枯萎病菌等病原菌的生长。迟晨等发现从海洋中分离出的巨大芽孢杆菌可显著抑制黄曲霉毒素在花生仁上的合成，黄曲霉中多种基因的表达受到抑制。孔青等研究了海洋巨大芽孢杆菌抑制黄曲霉的生长，并能抑制在花生上黄曲霉毒素的生物合成，其机理为通过竞争性生长和产生某种次级代谢产物，抑制黄曲霉的生长和黄曲霉毒素合成基因的表达。赵妙颐等利用 ARTP 诱变提高了巨大芽孢杆菌 L2 对白绢病原菌的拮抗能力，对烟草青枯病原菌、赤星病原菌 A-3、魔芋软腐病原菌 EC-1 的抑制能力亦有所提高。张新建等研究发现几丁质酶基因的引入可以提高巨大芽孢剂的生防效果。

巨大芽孢杆菌的生防作用应用到农业中，可以减少农药的使用，降低农资成本，并可以间接地降低农产品的农药残留，具有非常重要的意义。

（3）水体净化

巨大芽孢杆菌可应用于水体净化，在处理污水、污泥等方面有着重要的作用，因其具有良好的氮、磷、硫利用能力，可以缓解水体富营养化。李昊等从污水厂污泥中分离筛选出一株具有高效絮凝效果的巨大芽孢杆菌，该絮凝剂对 Pb^{2+}、Cu^{2+} 离子的去除效果较好，为深入探讨该絮凝剂对重金属离子的去除效果，对反应前后的絮凝剂进行 SEM 扫描电镜、傅里叶红外光谱、XPS 分析，结果显示反应中的 Cu^{2+} 和 Pb^{2+} 取代了—OH 或—COOH 上的氢，进而形成如$(C_2H_3O_2)_2$—Pb—$(C_2H_3O_2)_2$ 和 CH_3CHNH_2COOCu 的胶体物质，通过吸附架桥作用絮凝沉淀铅和铜。

匡群等报道巨大芽孢杆菌对养殖水体中的亚硝酸盐有较强的降解能力，并且能够降解水体中的难溶性磷，提高可溶性磷酸盐的水平。在石油污染水体中，巨大芽孢杆菌也同样可以分泌用于修复的表面活性剂，使油料降解速度上升。

应用巨大芽孢杆菌修复水体具有无毒、无害的特点，其菌剂的应用可解决化学修复中产生的二次污染的问题。

（4）畜牧养殖

随着我国畜牧养殖业的飞速发展，畜牧场的污水、畜禽排泄物及恶臭气体不仅对畜禽带来副作用，还严重污染环境，其中畜禽排泄物、污水、垫料等腐败分解释放出的氨气、硫化氢、硫醇类等恶臭气体，轻则降低空气质量，重则引发呼吸道等疾病。

张艳云等研究发现在日粮中添加巨大芽孢杆菌可降低冬季密闭鸡舍空气氨含量 53%～74%、硫化氢含量 55%～90%。李晓刚通过试验发现基础日粮中添加巨大芽孢杆菌不仅可以减少蛋鸡排泄物和肠道中氨气、硫化氢的产生和排放，还能提高蛋鸡对饲料营养物质的利用率，减少日采食量，提高产蛋率，并显著增加血清中钙和磷的含量。巨大芽孢杆菌是通过减少蛋鸡排泄物和肠道中氨氮、尿素氮、尿酸、总氮、可溶性硫化物、总硫的浓度，降低细菌脲酶和半胱氨酸脱巯基酶的活性，从而减少排泄物和肠道中氨气、硫化氢的产生和排放。邵育新等研究发现巨大芽孢杆菌能有效抑制鸡粪中吲哚和粪臭素的产生，吲哚和粪臭素的含量随着巨大芽孢杆菌的饲喂总体呈递减趋势。不仅如此，还有研究表明巨大芽孢杆菌可以分泌具有降解羽毛角蛋白和酪蛋白的水解酶，对于释放羽毛废弃物中的角蛋白和酪蛋白，生产动物饲料蛋白产品具有重要的意义。因此，巨大芽孢杆菌不仅可以改善畜牧养殖环境，而且可以变废为宝，提高畜牧养殖效益。

（5）酶工程表达系统

20 世纪 90 年代，国外学者就开发出巨大芽孢杆菌的原核蛋白表达系统，研究发现该系统与传统的原核表达系统（如大肠杆菌表达系统、枯草芽孢杆菌表达系统）相比，具有外源蛋白分泌能力强且不产内毒素、载体质粒稳定且不产生或很少产生胞外蛋白酶、胞外蛋白易于提取且提取成本低、使用的诱导剂廉价等优点。与哺乳动物表达系统相比，不存在培养时间长、支原体和病毒污染难控制等问题。基于该表达系统的优点，我国学者也展开了对该表达系统的研究，如内切葡聚糖酶、中性植酸酶、耐碱性木聚糖酶、碱性淀粉酶等均在巨大芽孢杆菌中得到高活性表达。

2.3.6 解淀粉芽孢杆菌的功能

解淀粉芽孢杆菌在自然界中分布广泛，具有丰富的自身代谢产物，分泌的抗生素、抗菌蛋白或多肽类物质等起到较好的生物防治效果。目前，解淀粉芽孢杆菌已用于生物防治、动物生产、工业酶生产、蔬菜保鲜及环境保护等众多领域。

（1）生物防治

解淀粉芽孢杆菌可抑制灰葡萄孢、链格孢、尖孢镰刀菌、山茶灰斑病菌、黑曲霉和粉红单端孢等植物病原菌的生长。目前，国内外已有许多关于解淀粉芽孢杆菌在植物病害防治和促生长效果方面的报道。利用菌株 FZB24 和 B9601-Y2 开发的生物制剂已经应用于防治镰刀菌和丝核菌引起的根腐病和枯萎病。解淀粉芽孢杆菌还具有促进植物生长的功能，含有菌株 SQR9 的复合微生物肥料可显著促进番茄的生长和产量的提高。王德培等报道解淀粉芽孢杆菌 BI2 发酵上清液对黄曲霉毒素有较强的抑制作用。孙力军等报道植物内生菌解淀粉芽孢杆菌 ES-2 能产生芬芥素和表面活性素等抗菌脂肽类物质，可较好地防治苹果采摘后出现的青霉病。耿阳阳等研究解淀粉芽孢杆菌发酵液对鲜食核桃的防腐效果及生理品质影响，结果表明在鲜核桃的贮藏前期，解淀粉芽孢杆菌有较好抑菌效果，且能有效抑制呼吸，保持水分。

解淀粉芽孢杆菌的生物防治作用机制主要包括产生抗菌物质、溶菌作用、诱导抗性、在空间和营养物质上的竞争等。在解淀粉芽孢杆菌发酵物中有越来越多能够抑制致病菌生长的物质被发现并分离，按分子量大小将其主要分为两大类：即大分子抑菌蛋白类和小分子抑菌肽类。姚佳明等利用高通量筛选方法获得解淀粉芽孢杆菌 B815-1，分离纯化其上清液中的抑菌物质得到 2 种抑菌活性成分，其中一种是分子量为 639.75 的新型抗菌肽。王培松进行了枇杷焦腐病抑制效果的研究，结果表明抗菌蛋白可以降解病原真菌的菌丝，抑制病原菌分生孢子的萌发。薛松等发现解淀粉芽孢杆菌单独或与青枯菌混合处理后，番茄苗叶片的 SOD、POD、PAL、PPO、CAT 的防御酶活性都有很大提高，并且混合处理组的酶活性要高于单独处理组。这表明解淀粉芽孢杆菌 X5-GFP 和 BQA2-GFP 能够诱导番茄苗产生抗性。解淀粉芽孢杆菌 B4 能在枇杷果的表面迅速增殖，占据部分位点，通过与其菌丝相互缠绕分泌特定的抗生素或影响菌核形成，从而抑制霉菌菌丝生长。

（2）动物生产

解淀粉芽孢杆菌能产生纤维素酶、蛋白酶、脂肪酶和淀粉酶等多种酶类，对动物病原菌大肠杆菌、梭状芽孢杆菌、沙门氏菌也具有较强的抑制能力。可提高动物对营养物质的消化吸收，维持畜禽肠道菌群平衡，抑制有害病原菌的生长，增强抵抗疾病的能力，被广泛应用于畜牧、水产中。唐小波等利用产植酸酶的解淀粉芽孢杆菌 T6 作为饲料添加剂，该菌所产酶活达到 1263.2 U/mL。研究发现在肉鸡饲料中添加 0.1%的解淀粉芽孢杆菌 T6，其日增重分别高出植酸酶对照组和空白对照组 5.5%和 5.6%，料重比分别降低了 2.46%和 2.94%，与空白对照组相比，屠宰率和净膛率分别提高了 3.4%和 3.9%。杨敏馨等研究表明日粮中添加 500 mg/kg 解淀粉芽孢杆菌 ES-2 能显著提高肉鸡胸肌总超氧化物歧化酶活性和总抗氧化能力水平，增强宰后肌肉的抗氧化能力。

（3）生物降解

解淀粉芽孢杆菌还具有生物降解的能力。谭文捷等用解淀粉芽孢杆菌作为试验菌种对丁草胺进行降解。丁草胺初始质量浓度越高，其降解速率越快，降解效率也越高；碱性条件下丁草胺的降解率明显比酸性条件下高。腐殖酸的加入不仅能吸附丁草胺，还能促进细菌对丁草胺的微生物降解，并能影响丁草胺的微生物降解产物。曹海鹏等研究表明，解淀粉芽孢杆菌 YX01 具有降解水体中亚硝酸盐的作用，可以改善集约化养殖的水体环境。

2.3.7 酵母菌的功能

酵母菌作为结构简单的单细胞微生物广泛存在于自然生态系统中，至今在多个领域有广泛应用。除食品发酵、化学工业、医药工业外，其在农业生产中的生物防治、环境污染治理等方面也有很好的应用前景。

（1）生物防治

酵母菌可作为生防因子控制植物病害的发生与蔓延，减少农产品产量与质量上的损失。迄今已发现了多种酵母菌，它们都能够有效生防辣椒、番茄、葡萄、草莓、桃、柑橘等果蔬上由不同病原菌引起的腐烂。研究发现生防菌异常毕赤酵母对苹果的灰霉病和青霉病都有很好的生防潜力，且已经在果园中开展防效试验；番茄采摘前用季也蒙毕赤酵母进行预处理，既降低了储藏期番茄果子自然发病率，同时继续保持番茄品质不变。王淑培等报道桔梅奇酵母对柑橘果实采后青绿霉病有极好的生物防治效果，不仅如此，桔梅奇酵母对柑橘果采后酸腐病防治效果更佳。据报道，酵母菌的生防机理主要包括营养或空间竞争、分泌产生抗生素、对病原菌直接进行寄生作用、诱导寄主发生抗病反应等。

（2）土壤修复与植物促生

刘才宇等研究发现施用芽孢杆菌与酵母复合物能明显促进辣椒植株的生长，用芽孢杆菌与酵母复合物处理土壤，土壤的容重显著降低，孔隙度显著提高；施用芽孢杆菌与酵母复合物能改善菜地土壤的化学性状，处理后土壤的 pH、有机质含量、碱解氮含量、有效磷含量和有效钾含量分别比对照组增加 3.6%～4.1%、11.5%～12.3%、15.6%～16.4%、13.3%～14.2% 和 12.5%～13.2%。胡宗福等从农业废弃物中筛选得到一株具有解磷活性的毕赤酵母 FL7，通过对其解磷机制的研究发现，毕赤酵母 FL7 通过产生柠檬酸、琥珀酸等有机酸表现出解磷活性，此外，毕赤酵母 FL7 还有植物生长促进作用。进一步研究表明，解磷酵母 FL7 还能促进超累积植物印度芥菜的生物量积累和对重金属 Ni 的吸收，可显著提高植物修复 Ni 污染土壤时的清除速率。

2.3.8 侧孢短芽孢杆菌的功能

侧孢短芽孢杆菌具有抗菌、杀虫、生物降解转化、抗肿瘤等多种生物学活性，在生物防治、微生物菌剂开发、环境保护、医学等诸多方面显示了巨大的应用价值和潜力。

（1）抗菌功能

侧孢短芽孢杆菌对各类真菌和细菌都表现出广谱的抑菌活性，能够抑制植物病原真菌和细菌的生长。从苹果根际中分离到的侧孢短芽孢杆菌 ZQ2 对苹果树致病菌具有广谱抗性，如立枯丝核菌，尖孢镰刀菌、茄病镰刀菌、烟曲霉菌、烟草赤星病菌、杨树烂皮病菌、苹果炭疽病菌、灰霉病菌和苹果轮纹病菌等。研究人员发现来源于细辛根际的侧孢短芽孢杆菌 S2-31 对细辛叶枯病具有较好的防治效果，发挥生物防治作用的同时还能起到促进植株生长的作用，其生防机制主要包括：产生多种具有抗菌活性的代谢产物，如抗生素、酶类、芽孢菌胺、聚酮类等；诱导植株产生系统抗病性和营养竞争作用。研究表明，侧孢短芽孢杆菌产生的蛋白酶、几丁质酶、抗菌肽等外泌蛋白对立枯丝核菌、尖孢镰刀菌、木贼镰刀菌、小麦赤霉病菌、水稻稻瘟病霉菌和辣椒疫霉菌等多种植物病原菌都有抑菌作用。

（2）杀虫活性

比较多的对于侧孢短芽孢杆菌杀虫活性的研究证明，多种侧孢短芽孢杆菌对不同的无脊椎动物如昆虫线虫和软体动物都具有致病性，其杀虫活性主要是由于伴孢体中所含蛋白质对多种昆虫具有毒性作用，接触或入侵靶标后，在细胞生长周期不同阶段产生不同物质，从而起到毒性作用。早期研究发现，有些侧孢短芽孢杆菌菌株对马铃薯甲虫和烟草甲虫幼虫有毒性作用，某些侧孢短芽孢杆菌菌株的芽孢中含有杀线虫化合物，能够抑制线虫的卵孵化和幼虫发育，因此，侧孢短芽孢杆菌已成为寄生性线虫的生物防治药剂。

（3）生物降解转化

侧孢短芽孢杆菌还具有溶磷和解钾的能力。李国敬等报道一定量的海洋侧孢短芽孢杆菌能够促进植株对磷素的吸收，增加植株体内磷素的积累量，在干旱胁迫下能够提高玉米植株对氮的吸收利用。玉米植株钾的积累量是玉米产量形成的基础，施海洋侧孢短芽孢杆菌菌肥能提高植株钾积累量，随着施海洋侧孢短芽孢杆菌用量的增加，植株内钾累积量增加，在干旱情况下，适量的海洋侧孢短芽孢杆菌和有机肥能提高玉米对钾素的累积，增加玉米产量。

人们发现越来越多的物质能被侧孢短芽孢杆菌所降解，最典型的实例是把聚乙烯醇降解为乙酸盐，产生的多种酶如木质素过氧化酶、漆酶、氨基比林-N-脱甲基酶、还原酶和孔雀绿还原酶等，能够实现对纺织物偶氮染料的脱色处理，降解制革厂废水中的植物单宁，生物降解苯酚和甲苯，生物吸附水溶液中的有毒金属以及对污水系统中的重金属解毒等。赵子郡等研究发现侧孢短芽孢杆菌ZN5可通过氨化和硝酸盐同化过程诱导形成含 Pb 碳酸盐沉淀来固定土壤中的有效态 Pb，从而降低 Pb 对小白菜的毒性，并且通过硝酸盐同化过程诱导的含 Pb 碳酸盐沉淀在土壤中的稳定性更好一些，在 Pb 污染土壤修复方面有重要的应用价值。

（4）侧孢短芽孢杆菌的解磷功能

侧孢短芽孢杆菌具有解磷、解钾的功能。能够在含磷酸三钙的平板上形成透明圈，降解水胺硫磷。

侧孢短芽孢杆菌的多种生物学功能对生产实践产生积极的影响，具有巨大的应用潜力。基于其具有抑菌杀虫等特性，可以不断开发出相应的微生物菌剂、医疗保健药物、生物防控制品及环保化工产品。随着侧孢短芽孢杆菌全基因组测序的完成，可以逐步开展对相关基因的分离克隆以及高效表达研究，侧孢短芽孢杆菌在人类生产生活中必将发挥越来越重大的作用。

2.3.9　细黄链霉菌的功能

链霉菌作为抗生素的主要生产菌，对许多植物病原菌有良好的抑制作用，常被用于农业防病保苗。链霉菌也可应用于微生物肥料，具有提高土壤的肥力和刺激作物生长的作用。细黄链霉菌作为链霉菌属的一个种，在自然栽培条件下其自身代谢产物可有效地促进植物生长。

（1）抗病作用

细黄链霉菌作为一种资源丰富的微生物类群在植物病害生物防治方面具有十分重要的作用。马东等采用平板对峙的实验方法，对细黄链霉菌 S.microflavus AMYa-008 进行植物病害菌的拮抗效果研究，结果表明，该菌对常见的 8 种植物病害真菌具有广谱的抑制作用。开发出的生防微生态益生菌剂，能够通过改变土壤中菌群结构的多样性和丰富度来改善植物的生长环境，在农业生产上能够起到防病保苗、促进生长、提高产量以及减少化肥的使用等功效。李宾等分离出了一株对引起草莓重茬病的镰刀菌、丝核菌拮抗作用强的细黄链霉菌，复合菌剂在土壤中形成有益微生物群体优势，抑制有害微生物的繁殖，抑制土传病害，降低发病率。

（2）促生作用

细黄链霉菌能够产生生长刺激素和抗生素，转化土壤中的含氮、磷物质，提高土壤肥力，进而有促进作物生长的作用。段春梅等研究表明施用放线菌对黄瓜幼苗有显著的促生作用，并使黄瓜产生诱导抗性。许英俊等研究表明放线菌对草莓有促生作用，且对多酚氧化酶 PPO 活性有显著的影响。李堆淑等以桔梗种子为材料，用不同浓度细黄链霉菌菌剂与氮磷钾肥配施桔梗幼苗，发现不同浓度细黄链霉菌菌剂与氮磷钾肥配施，均提高了桔梗幼苗过氧化氢酶（CAT）、过氧化物酶（POD）活性和可溶性蛋白含量，而降低了丙二醛（MDA）含量，使植物保持较高的生理活性、延缓植物衰老；后经研究发现该菌分泌的胞外多糖具有较强的抗氧化活性。郭建军等研究结果表明细黄链霉菌 AMCC 400001 菌剂对油菜生长有显著的促进作用，以高浓度（1×10^7 CFU/g）处理最佳，油菜鲜质量、冠根比与对照组相比分别提高了 65.35% 和 25.01%。

2.3.10　植物乳杆菌的功能

乳酸菌是能够发酵多种碳水化合物产生乳酸的一类革兰氏阳性细菌。植物乳杆菌是一种多功能乳酸菌，属于乳酸菌的同型发酵菌，其代谢可产生有机酸、小分子肽、过氧化氢等生物活性物质，此外，其产生的胞外多糖还具有吸附重金属功能。

（1）吸附重金属

研究发现乳酸菌能够吸附积累重金属，在乳酸菌治理铅污染水体研究中，满兆红等实验发现一株鸡源嗜铅细菌屎肠球菌 JT1 可耐受 8 mg/L 的铅离子，体外铅吸附率达到 69.95%；从泡菜中提取出的植物乳杆菌 HQ259238 能够分泌出对铅有吸附作用的胞外多糖。闫励等利用一种新型材料负载能吸附铅离子的植物乳杆菌的活性营养土对铅污染土壤的修复，发现植物乳杆菌对铅离子具有较好的吸附作用，盆栽试验表明活性菌肥降低了铅对植物的毒害作用，显著减少了植物对铅离子的吸收，降低了两种植物对铅的富集能力和迁移能力。

（2）在畜牧方面的应用

目前植物乳杆菌应用于畜牧业方面主要为饲喂植物乳杆菌发酵液或菌体以及青贮饲料的制作，并且都收到较好的效果。梁海威使用植物乳杆菌 22703 饲喂肉鸡，发现植物乳杆菌能提高肉鸡的生长性能，改善血液生化指标，可以考虑将其作为一种新型的替代抗生素的微生态制剂。张乃锋等在生长猪饲粮中添加活菌数为 $1×10^9$ CFU/kg 植物乳杆菌 GF103，发现能够改善生长猪肠道菌群环境，提高生长猪生长速度和饲料利用效率。敖晓琳使用植物乳杆菌制作青贮饲料发现，供试的植物乳杆菌，尤其是从青饲料和青贮材料中分离的菌株能有效改善饲料稻的青贮品质，可考虑用作青贮饲料稻发酵剂。

（3）在食品方面的应用

植物乳杆菌除了自身的益生作用还有抑制有害菌生长等作用，可以增加食品的保质期。植物乳杆菌在食品中有多种应用，包括乳制品、植物性饮料、泡菜、发酵肉类等。马成杰等使用植物乳杆菌 ST-Ⅲ 发酵豆乳，发现植物乳杆菌 ST-Ⅲ 在豆乳中生长良好，到达发酵终点时的菌数为 $6.1×10^8$ CFU/mL，表观黏度可达 0.24 Pa·s，感官品质较佳。张庆等使用植物乳杆菌发酵燕麦酸面团，发现植物乳杆菌可以在酸面团中生长良好，可以提高面团酸度，使面团的氨基酸评分和蛋白质功效比值也得到了提高。在小鼠肥胖模型的饮食中加入低剂量的植物乳杆菌粉，可上调小肠上及细胞紧密连接蛋白基因 ZO-1 等表达，对肠道起到保护作用。

2.3.11 黑曲霉的功能

黑曲霉是一种广泛存在于自然界的腐生真菌，也是重要的工业发酵微生物，在工业酶制剂及有机酸发酵方面得以应用。因其具有强大的酶系统，可溶解土壤中的难溶盐分，促进植株生长且具有抑菌性而在农业上被广泛应用。

（1）土壤改良

向杰等研究了利用黑曲霉分解土壤中磷酸钙、磷酸铝、磷酸铁以及高磷铁矿和磷矿等难溶性磷酸盐，基于黑曲霉在固体培养时对磷酸盐良好的分解效果，可考虑在制作生物菌肥时将玉米秸秆等农作废弃物同菌体混合后施入土壤，为微生物提供更多营养来源，强化微生物对土壤中难溶性磷酸盐的分解，并减少农作废弃物对环境的污染。张丽珍等从盐碱地柠条根围土中分离出具有溶磷能力的黑曲霉，发现黑曲霉本身具有很强的适应和繁殖能力，随着其生物量的不断累积而增加对土壤中难溶性磷酸盐的利用，不断释放可溶性磷酸盐，逐渐改变盐碱地中有效磷含量，最终达到肥沃土地的效果。吴高洋等探究了毛竹根际微生物新黑曲霉 JXBR16 对土壤难溶性磷酸盐的溶磷作用及对毛竹的促生效果，发现该黑曲霉菌株对 $Ca_3(PO_4)_2$、$CaHPO_4$、$FePO_4$、$AlPO_4$ 和植酸钙 5 种难溶性磷酸盐均具有较好的溶解能力，其中对 $FePO_4$ 和 $CaHPO_4$ 的溶解能力最佳，溶磷量分别达 3208.31 mg/L 和 3027.09 mg/L。施用该菌株 180 d 后毛竹根际土壤有效磷和矿质氮分别提高 37% 和 41%，植株根、茎和叶的磷含量分别提高了 95%、102% 和 43%。毛竹地径苗高和生物量分别比对照组显著提高了 44%、47% 和 50%。该黑曲霉能够有效增强南方红壤区毛竹林土壤磷的供给，促进植株养分吸收利用，并促进毛竹的生长，具有应用于竹林生物菌肥研制和开发的巨大潜力。

黑曲霉还可以降解土壤中的有害化学物质。王佳颖等研究发现将可降解烟嘧磺隆的黑曲霉 YF1 加工为固体菌剂，通过敏感植物指示的方法来反映施用菌剂后对烟嘧磺隆的降解效果，结果显示 YF1 菌剂在室内和田间小区均可以缓解烟嘧磺隆对敏感植物的药害，表明 YFI 菌剂对土壤中烟嘧磺隆有较好的降解作用。袁怀瑜等利用从砖茶中筛选的黑曲霉 YAT1 降解拟虫菊酯类农药及其降解主要中间产物 3-苯氧基苯甲酸，并丰富完善了氯氰菊酯的生物降解途径。李阳等研究发现黑曲霉 S7 可以降解大豆除草剂氟磺胺草醚，其对氟磺胺草醚降解率的高低与其生长量和活性有关，生长量大且活性高的菌株降解效果比较好，并且黑曲霉菌株 S7 在非灭菌土壤里比灭菌土壤里降解氟磺胺草醚的速度快。

（2）植物促生及抗病性

樊娟等研究发现将黑曲霉引入到丸化种衣剂中包衣高粱种子可提高其发芽率、发芽势、出苗率、根长、根冠比、根系活力及鲜质量，并使高粱植株矮化，增强其抗倒伏能力，5×10^8 CFU/g 黑曲霉丸化种衣剂包衣可防治高粱幼苗真菌病害，对高粱叶斑病防治效果可达 82.77%。刘芳等研究发现黑曲霉粗提取物对青枯雷尔式菌及根癌农杆菌具有良好的抑制效果。赵妙颐等研究也表明黑曲霉可明显抑制齐整小核菌的生长。

（3）有机肥发酵

黑曲霉能生产水解生物质的纤维素酶、半纤维素酶、木质素酶和果胶酶等多种酶，可以在生物质资源化中发挥重要作用。目前秸秆腐熟剂在农业领域的应用比较广泛。陈仕伟等将可产生木聚糖酶的黑曲霉 H113 和可产生纤维素酶的绿色木霉 M100726 联合用于稻草腐熟，与空白对照相比，实验组的外观、细菌总数、霉菌总数、有机碳含量、碳氮比、秸秆断裂拉力、秸秆残留率均有显著差异。

3

新型功能微生物菌
及其生物学特性

3.1 纤维素分解菌

3.2 重金属还原菌群及其生物学特性

3.3 溶磷菌

3.4 哈茨木霉

3.5 内生真菌枫香拟点茎霉

3.6 解钾微生物

3.7 集固氮、解钾、溶磷和降解纤维素于一体的
     优势菌株开发

3.1 纤维素分解菌

3.1.1 纤维素资源

纤维素是植物细胞壁的主要成分，约占植物干重的40%以上，是地球上数量最丰富的可再生有机质资源。在自然界中，纤维素通常与半纤维素和木质素等物质共存，三者按一定的比例相互结合共同构成了重要的生物质资源——木质纤维素。我国是一个农业大国，各类农作物秸秆年产量据统计约有7亿吨，占全世界秸秆年总量的30%左右，在该类木质纤维素原料中纤维素成分占40%～50%，木质素成分占15%～20%，半纤维素成分占25%～35%。目前，我国处理农作物秸秆的方式主要以焚烧、丢弃和就地还田等为主，这不仅造成了巨大的资源浪费，而且对环境构成了严重的污染。木质纤维素资源的有效利用将推动我国能源和环境的进一步发展，而其有效利用的关键是需要获得高效的纤维素分解菌。

3.1.2 纤维素的分子结构

纤维素是由D-吡喃型葡萄糖经 β-1,4 糖苷键连接而成的链状多聚体，其基本重复单元为纤维二糖，分子式为 $(C_6H_{12}O_5)_n$，n 为聚合度，分子结构如图 3-1 所示。天然纤维素由微纤丝以不同方式排列堆积而成，微纤丝通常由约 36 个葡聚糖链构成，而每个葡聚糖链聚合度在 500～15 000。在纤维素的物质结构中，葡聚糖链内部及糖链与糖链间的葡萄糖分子通过羟基相互连接，形成由稳定的氢键网络构成的致密糖链片层；糖链片层进一步在氢键、范德华力和疏水作用力等作用下相互结合，最终形成不溶于水的纤维素大分子。只有在无机酸或纤维素酶等催化剂存在的条件下，纤维素的水解反应才能显著进行，其完全水解后的产物为葡萄糖。

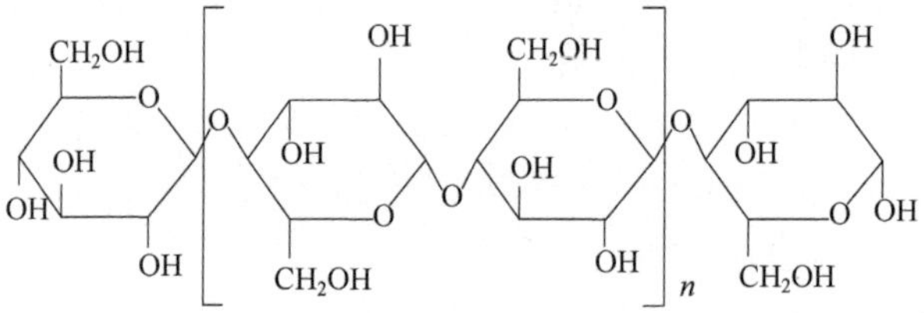

图 3-1　纤维素分子结构示意图

纤维素是由两相结构组成，它们分别是排列整齐而规则的结晶区和相对不规则、松散的无定形区。结晶区中纤维素分子间通过大量氢键连接在一起形成晶体结构的纤维束，这种结构使得纤维素的性质非常稳定，只有在条件比较剧烈的情况下才能发生化学键的断裂，且反应速率较慢；而在无定形区，纤维束排列松散杂乱，即使在温和的反应条件下也能发生键的断裂，且反应速率较快。因此，纤维素水解时总的水解反应速率是由结晶区的反应速率决定的，结晶区的结晶程度越高，水解反应就越难以进行。值得注意的是，纤维素分子内部的结晶区和无定形区并无明显界限，两者间的过渡是渐变的，且结晶区和无定形区间的比例、结晶的完善程度会随纤维素种类及其所在部位不同而不同。

3.1.3　纤维素分解菌及其菌群

经初步统计，现已发现的自然界中能够降解纤维素的微生物有近 200 种。微生物中主要包括真菌类、细菌类及放线菌类。自 Kellerma 等于 1912 年首次从土壤中筛分出一株纤维素分解菌以来，各种具有降解纤维素功能的微生物陆续被发现，国内外学者早在 20 世纪四五十年代就对产纤维素酶的菌种进行了大量分离和筛选工作，并建立了一套较完整的筛选方法。

细菌在降解纤维素时首先吸附在纤维素分子表面，然后不断地从纤维素的表面向内部生长，逐渐分解纤维素。由于技术手段和分离方法的限制，很多自然界中具有纤维素分解能力的细菌我们都无法分离得到。细菌产生的纤维素酶一般存在于细胞内或吸附在胞壁上，很少分泌到胞外且酶成分单一，酶的提取纯化也较困难，导致其工业应用受到限制。目前，已报道具有纤维素分解能力的细菌主要有 *Cellococcus*、*Cellulomonas*、*Bacillus*、*Clostridium*、*Thermomonospora*、*Cellvibrio*、*Sporocytophaga* 和 *Ruminococcus* 等。其中，被广泛研究的是高温单胞菌（*Thermomonospora fusca*）和纤维单胞菌（*Cellulomonas fimi*）两种产纤维素酶的细菌。热线梭菌（*Clostridium thermocellum*）等厌氧细菌由于可以产生纤维素多酶复合体结构，且纤维素的分解效率高，相关研究也很多。

真菌产生的纤维素酶为胞外酶，往往同时具有内切葡聚糖酶与外切葡聚糖酶活力，因此成为工业生产纤维素酶主要生产菌。在工业上用于大规模生产纤维素酶的真菌主要有绿色木霉（*Trichoderma viride*）、康宁木霉（*Trichoderma koningii*）、黑曲霉（*Aspergillusniger*）、里氏木霉（*Trichoderma reesei*），其中绿色木霉和里氏木霉是已知的产纤维素酶最强的菌种。研究较多的是木霉属（*Trichoderma*）、青霉属（*Penicillium*）、曲霉属（*Aspergillus*）、漆斑霉属（*Myorthecium*）和根霉属（*Rhinopus*），尤其是木霉属中里氏木霉（*Trichoderma reesei*）最受关注。虽然里氏木霉产纤维素酶系中的外切葡聚糖酶和内切葡聚糖酶的活力较高，但其纤维二糖酶的活力普遍较低，而黑曲霉（*Aspergillus niger*）和海藻曲霉（*Aspergillus phoenicis*）等曲霉属菌株却能生产较高活力的纤维二糖酶。

3.1.4 纤维素的微生物分解效率

早在 19 世纪 80 年代，就有学者开始对微生物降解纤维素的进行研究。截至目前，已有很多高效的纤维素分解菌株也被相继地发现和分离。J.Morgavi 等分离了纤维素分解真菌 *Piromyces* sp. OTS1，10 d 对滤纸的分解率为 50%。2006 年，M.Shiratori 等从产甲烷生物反应器中分离到了一株纤维素分解细菌 *Clostridium* sp. EBR45，该菌 3 d 对废纸的分解率达到 79%。Halsall 等报道纤维素分解菌株 *Cellulomonas gelida* UQM 2480 对滤纸的分解率为 52.7%。纤维素分解菌 *Clostridium thermocellum* CTL-6 9 d 对滤纸的分解率达到 80.85%。虽然一些纤维分解单菌具有高效的分解能力，但由于产酶单一和代谢产物的反馈抑制等因素的影响，难以持续地分解纤维素或分解不彻底，且易受杂菌污染。

大量研究和生产实践的结果表明，单株菌对纤维素的降解能力有限，纤维素的彻底降解需要多种微生物协同完成。近年来，随着人们对微生物群体功能和微生物之间共生关系等认识的逐步加深，研究利用复合菌系降解纤维素以及探索复合菌系菌间协同关系开始受到越来越多的关注。纤维素分解复合菌系由多种微生物共同培养组成，通过菌间的互利共生或竞争关系，可保持菌群结构和纤维素分解功能的长期稳定。

关于纤维素分解复合菌系方面的研究目前已有很多报道。早在 1977 年，K.Weimer 等将 *Clostridium thermocellum*（*C. thermocellum*）和 *Methanobacterium thermoautotrophicum* 共培养后发现，菌株组合的纤维素分解能力比 *C. thermocellum* 纯培养时更强。1983 年，K.Odom 等曾报道纤维素分解菌株 *Cellulomonas* sp. ATCC21399 与非纤维素分解菌株 *Rhodopseudomonas capsulate* B100 共培养能够降解更多的纤维素物质。1990 年，M.Soundar 等从不同环境样品中获得 5 组具有稳定降解纤维素能力的富集培养物。1996 年，史玉英等发现由木霉和芽孢杆菌组成的好氧混合菌群 M1 和 M2，其分解纤维素的能力明显比木霉和芽孢杆菌单菌株高。2001 年，J. Zyabreva 等将从两个不同环境中获得的富集培养物进行组配，得到了一组底物转化率更高的高温厌氧复合菌系，该菌系能将纤维素转化为乙醇和有机物。2002 年，Haruta 等构建了一组可高效降解稻草秸秆的纤维素复合菌系，该复合菌系在 50 ℃条件下培养 4 d，对稻草秸秆的分解率可达 60%以上；同年，崔宗均等从 4 种堆肥样品中分别筛选出纤维素分解能力较强的 4 组混合菌，再以酸碱反应互补的原则进行重新优化组合，成功驯化出一组纤维素分解能力非常强且结构稳定的纤维素分解复合菌系 MC1。菌系 MC1 在 50 ℃条件下培养 4 d，对滤纸、脱脂棉、麦秆粉和锯末的降解率分别为 94%、98%、38% 和 16%。在前人研究的基础上，王伟东等利用限制性培养技术，以麦秸垛下的土壤和麦秸为原料制成的堆肥作为菌源，经过 70 多代的继代培养及不同菌系之间的组配，最终筛选构建了一组木质纤维素分解菌复合系 WSC-6，复合系在 50 ℃静置培养 72 h，可以分解 0.48 g 滤纸、0.38 g 棉花和 0.14 g 稻秆，对应的降解率分别为 97%、75.6% 和 28.2%。

从特定环境样品中筛选得到纤维素分解菌群，其优势在于可以保持菌群在原环境中的菌间微生态关系，并保留一些具有纤维素分解功能或对所获得菌群功能有促进作用的难培养或不可培养菌株，但由于筛选获得的菌群往往构成菌株数量较多、内部菌间关系复杂，使进一步研究其自我调控和自我稳定的机理变得非常困难。相对而言，通过对已知菌株进行交叉组配获得的复合菌系，由于其菌株构成简单、明确、可控，是研究纤维素分解复合菌系多菌共生关系的有效途径。但用已知菌株构建功能稳定的菌群不太容易成功，同时多菌株的组合筛选有一定的盲目性，且工作量很大。

3.1.5　具有纤维素分解能力菌群 WDC2 的构成

（1）纤维素分解菌群的菌株获得

从自然环境富集获得的纤维素分解菌群通常由多种微生物组成。以下为从一组纤维素分解菌群 WDC2 中分离获得的菌株，总计 32 个菌株（表 3-1）。当然，限于培养条件和分离手段，一些菌株可能还未被分离获得。图 3-2 列举了部分分离菌株的革兰氏染色结果。

表 3-1　已分离获得的菌株

培养基	分离条件	数量	命名
PCS 培养基	55 ℃，有氧（涂布、划线）	6 株	Ba1、Ba2、Ba3、Ba4、Ba5、Ba6
牛肉膏蛋白胨培养基	55 ℃，有氧（涂布、划线）	6 株	B1、B2、B3、B4、B5、B6
甲烷八叠球菌分离培养基	37 ℃，无氧（厌氧滚管）	8 株	M22、M22、M32、Y2C、Y1b、Y2a、Y2b、Z3
硫酸盐还原菌培养基	55 ℃，无氧（涂布、划线）	4 株	S1X、S22、S24、T3
硝酸盐还原菌培养基	37 ℃，无氧（浇注倒平板）	3 株	N3、N6、N9
硫酸盐还原菌培养基	55 ℃，无氧（浇注倒平板）	5 株	CTS、YW1、YW2、YW3、YW4

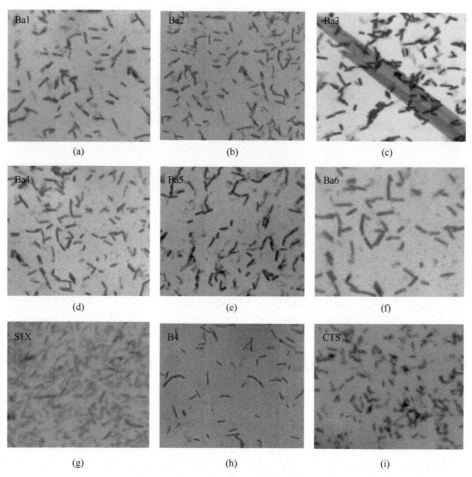

图 3-2 部分分离菌株的革兰氏染色结果

革兰氏染色为阳性的有 Ba3、Ba5；阴性的有 Ba1、Ba2、Ba4、Ba6、S1X、B4、CTS。

（2）分离菌株的系统发育分析

将分离菌株进行 16S rRNA 基因测序，并将结果在 NCBI 数据库进行比对分析，部分菌株相似性比对结果见表 3-2。结果显示：Ba1、Ba2、Ba4、Ba6 为地衣芽孢杆菌（*Bacillus licheniformis*）；Ba3、Ba5 为解硫胺素芽孢杆菌（*Aneurinibacillus thermoaerophilus*）；S1X、S22、S24、T3 为好热黄无氧芽孢菌（*Anoxybacillus flavithermus*）；YW1、YW2、YW3、YW4 为硫气孔芽孢菌（*Bacillus solfatarensis*）；N9 为铜绿假单胞菌（*Pseudomonas aeruginosa*）；CTS 与数据库中已知菌株的 16S rRNA 基因序列一致性仅有 95%，而该菌是由硫酸盐还原菌选择性培养基分离得到，且具有硫酸盐还原菌的特性（能使含有亚铁盐的液体培养基变黑）。

表 3-2　部分菌株 16S rRNA 基因序列相似性比对结果

分离菌株编号	相似性比对结果	序列一致性
Ba1	*Bacillus licheniformis* PS4 (JN559851) *Bacillus licheniformis* GL5-2 (AB489112)	100% 99.5%
Ba2	*Bacillus licheniformis* PS4 (JN559851) *Bacillus licheniformis* FUA2029 (GQ222396)	100% 99.6%
Ba3	*Aneurini bacillus thermoaerophilus* AFNA1 (EF032876) *Aneurinibacillus* (AM749777)	99.1% 99.6%
Ba4	*Bacillus* sp.LBII-1 (GU573845) *Bacillus licheniformis* PS49 (JN559851)	100% 100%
Ba5	*Aneurini bacillus thermoaerophilus* AFNA1 (EF032876) *Aneurini bacillus thermoaerophilus* HZ (DQ890194)	99.3% 98.1%
Ba6	*Bacillus licheniformis* PS4 (JN559851) *Bacillus licheniformis* HT2 (JN013187)	100% 99.6%
CTS	Uncultured Clostridiales bacterium JXS2-72 (JN873219.1) Anaerobic bacterium Glu3 (AY756145.2)	95% 95%
N9	*Pseudomonas aeruginosa* M-B10D (KJ806426.1) *Pseudomonas* (FJ534637.1)	100% 100%
S1X	*Anoxybacillus flavithermus* R-18839 (AJ586357) *Anoxybacillus flavithermus* R-18857 (AJ586360)	99.5% 99.5%
S22	*Anoxybacillus flavithermus* R-18839 (AJ586357) *Anoxybacillus flavithermus* R-18857 (AJ586360)	99.5% 99.5%
S24	*Anoxybacillus flavithermus* R-18839 (AJ586357) *Anoxybacillus flavithermus* R-18857 (AJ586360)	99.9% 99.9%
T3	Uncultured bacterium Hg1aCo3 (EU236276) *Anoxybacillus flavithermus* R-18857 (AJ586360)	100% 99.8%
YW1	*Bacillus solfatarensis* 16S rRNA gene (AY518549.1) Uncultured Geobacillus (EU638757.1)	99% 99%
YW2	*Bacillus solfatarensis* 16S rRNA gene (AY518549.1) Uncultured Geobacillus (EU638757.1)	99% 99%
YW3	*Bacillus solfatarensis* 16S rRNA gene(AY518549.1) Uncultured Geobacillus (EU638757.1)	99% 99%
YW4	*Bacillus solfatarensis* 16S rRNA gene (AY518549.1) Uncultured Geobacillus (EU638757.1)	99% 99%

3.1.6　纤维素分解复合菌系构建及筛选

近年来，纤维素生物降解取得了不少新的研究进展。例如，很多能有效分解滤纸等纯纤维素物质的优良菌株相继被发现和分离；但更多的研究则表明，纤维素的彻底降解是多种微生物协同作用的结果，具有良好共生关系的菌群比单一菌株的分解功能更稳定、也更强。因此，对复合菌系降解纤维素以及其菌间关系的研究受到越来越多的重视。

（1）BaX 与 CTL-6 共培养分解滤纸的效果

由上述测序结果得知：Ba1、Ba2、Ba4、Ba6 为地衣芽孢杆菌，Ba3、Ba5 为解硫胺素芽孢杆菌。组合实验结果表明，Ba1、Ba2、Ba3、Ba4、Ba5、Ba6 都不具有纤维素分解能力，但它们各自与 CTL-6 的组合却均能在有氧条件下降解滤纸，各组合滤纸相对降解率随培养时间的变化如图 3-3 所示。

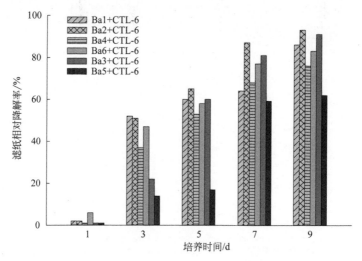

图 3-3　BaX 与 CTL-6 共培养分解滤纸的效果

培养体系为 100 mL PCS 培养基，接种用种子液预培养 5 d，接种率为 5%（体积分数），滤纸添加量为 0.5%（质量浓度）；每个菌株组合设培养第一、三、五、七、九天 5 个时间点，每个时间点 3 个重复实验，共计接种 15 瓶，外加 3 个无菌对照。

BaX（用来指代 Ba1、Ba2、Ba3、Ba4、Ba5、Ba6 中的一种，下同）与 CTL-6 的组合在培养的第 1 天就能使滤纸产生不同程度的降解，其中 Ba6+CTL-6 组合的降解率最高，为 6%；培养 9 d 后，Ba2+CTL-6 组合的降解率最高（93%），Ba5+CTL-6 组合的降解率最低（62%）。地衣芽孢杆菌与 CTL-6 的组合中，Ba4+CTL-6 组合的滤纸降解效果最差，Ba2+CTL-6 组合降解效果最好；解硫胺素芽孢杆菌与 CTL-6 的组合中，Ba3+CTL-6 组合的滤纸分解能力远高于 Ba5+CTL-6 组合，前者培养 9 d 的滤纸相对降解率（91%）是后者的 1.5 倍；地衣芽孢杆菌和解硫胺素芽孢杆菌各自与 CTL-6 的组合中，滤纸分解的最快的时期也有所不同，前者均出现在第 1 天至第 3 天，后者出现在第 3 天至第 5 天或第 5 天至第 7 天；除 Ba4+CTL-6 和 Ba5+CTL-6 组合，其他组合培养 9 d 后均达到或超过了 CTL-6 单独培养相同时间的滤纸相对降解率（80.9%）。综上所述，

Ba1、Ba2、Ba3、Ba4、Ba5、Ba6 均有助于 CTL-6 在非厌氧条件下分解纤维素成分，且 Ba1、Ba2、Ba3、Ba6 的有效促进作用强于 Ba4、Ba5。同类菌与 CTL-6 的组合在分解滤纸时所表现出的显著差异（$p<0.05$），表明同类菌在某些功能或特性上也存在差异。

（2）BaX 与 CTL-6 共培养 pH 的变化

和降解率的变化类似，各组合在分解滤纸过程中 pH 的变化也不尽相同，即使是同类菌与 CTL-6 的组合也是如此（图 3-4），这也进一步说明了同类菌间的差异确实存在。BaX 与 CTL-6 的组合中，除 Ba1+CTL-6 和 Ba2+CTL-6 组合的 pH 呈先下降后上升的变化外，其他组合的 pH 较为多变；但相同的是它们第 7 天至第 9 天的 pH 均表现为上升，这与已报道的大多数纤维素分解复合菌系后期的 pH 变化一致。各组合在 9 d 培养过程中的 pH 变化范围分别为：Ba1+CTL-6，6.42～7.28；Ba2+CTL-6，6.57～7.73；Ba3+CTL-6，6.62～7.83；Ba4+CTL-6，6.14～7.45；Ba5+CTL-6，6.52～7.27；Ba6+CTL-6，5.40～7.37。培养结束时，pH 呈酸性的组合有 Ba5+CTL-6 和 Ba6+CTL-6，pH 呈碱性的组合有 Ba1+CTL-6、Ba2+ CTL-6、Ba3+CTL-6 和 Ba4+CTL-6。

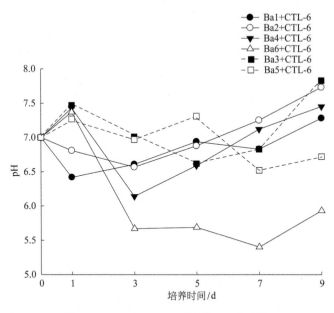

图 3-4　BaX 与 CTL-6 共培养 pH 的变化

CTL-6 属于热纤梭菌（*C.thermocellum*）。有研究表明，热纤梭菌在降解纤维素的过程中 pH 变化在 5.9～8.1。由图 3-4 可知，Ba6+CTL-6 组合的 pH 从第 1 天时的 7.37 陡降到第 3 天时的 5.67 后就一直处于 6.0 以下，即使后期 pH 有所上升，而其他组合 pH 变化则全程均处在适宜热纤梭菌降解纤维素的范围。适宜的 pH 范围是微生物正常生长代谢的重要条件，也是影响纤维素酶活性的因素之一。崔宗均等曾报道通过将酸碱反应不同的菌群进行重新优化组合后，成功获得到了一组纤维素分解能力非常强且稳定的纤维素分解菌群 MC1。

（3）其他菌株组合的滤纸分解效果

YW1、YW2、YW3、YW4 和 CTS 是采用一种硫酸盐还原菌分离培养基在无氧条件下分离获得的 5 株厌氧菌，它们与 CTL-6 共培养是在 DSM122 培养基中进行的。5 个菌株组合均能分解滤纸，且在滤纸分解快慢上均比 CTL-6 单独培养时要快，其中 CTL-6+YW4 的组合相对最快。上述 5 株菌与 CTL-6 初次共培养及其后期传代培养的滤纸分解情况见表 3-3。

表 3-3 YW1、YW2、YW3、YW4、CTS 与 CTL-6 的两菌共培养的滤纸分解情况

组合构成	初次共培养	后期传代培养
CTL-6+YW1	滤纸发黄，还未明显分解	转接仍能分解滤纸，且比 CTL-6 快
CTL-6+YW2	滤纸出现分解，程度同 CTL-6	转接仍能分解滤纸，且比 CTL-6 快
CTL-6+YW3	滤纸发黄，还未明显分解	转接仍能分解滤纸，相对最快
CTL-6+YW4	有分解迹象，但分解程度不及 CTL-6 和 CTL-6+YW2	转接仍可分解滤纸，且比 CTL-6 快
CTL-6+CTS	初次融合培养 7 d 未能分解	第二次共培养可分解滤纸，且比 CTL-6 快

菌株初次共培养方式：向 10 mL 西林瓶中分装 4 mL DSM122 培养液，添加 0.5 cm×1 cm 大小的滤纸条一份，用高纯氮置换瓶内空气后，用丁基橡胶塞和铝封盖密封后高温高压灭菌（0.1 MPa，121 ℃灭菌 20 min）；灭完菌后，再向每瓶培养液内分别注射 0.1 mL 过滤除菌的还原型谷胱甘肽母液和 $FeSO_4 \cdot 7H_2O$，以降低培养基的氧化还原电位（Oxidation reduction potential，ORP）至适宜厌氧微生物生长的范围；接种时，用灭菌注射器各吸取 0.5 mL CTL-6 培养物和待组合菌株纯培养物，打入准备好的培养瓶中。为提高初次共培养的成功率和保证实验结果的可靠性，每个菌株组合同时接种 3 瓶。若组合传代转接多次后仍具有稳定的滤纸分解功能，则对其培养物进行甘油保存和菌株构成的检测验证。

其他纤维素分解复合菌系的构建过程和 BaX+CTL-6 组合方式类似，即在两菌共培养的基础上引入第三种菌，然后再在三菌共培养的基础上引入第四种菌。已构建的所有多菌共生组合及其滤纸分解能力见表 3-4。两菌组合中滤纸分解能力较强的有 Ba2+CTL-6、Ba3+CTL-6，三菌组合中滤纸分解能力较强的有 Ba2+CTL-6+Ba5，四菌组合中滤纸分解能力较强的有 Ba2+CTL-6+CTS+Ba3、Ba2+CTL-6+CTS+Ba5。

表 3-4　多菌复合系的滤纸分解能力

复合菌系	减重率	备注
Ba2+CTL-6	40.5%	抽滤
CTS+CTL-6	46.9%	同上
Ba2+CTL-6+CTS	61.8%	同上
Ba2+CTL-6	93%	0.5%滤纸添加量，培养 9 d，中速滤纸抽滤
Ba5+CTL-6	62%	同上
Ba1+CTL-6	86%	同上
Ba3+CTL-6	91%	同上
Ba4+CTL-6	76%	同上
Ba6+CTL-6	83%	同上
Ba3+CTL-6+Ba6	—	未检测
Ba2+CTL-6+CTS+YW1～ Ba2+CTL-6+CTS+YW4	—	也能很快降解滤纸，精确滤纸减重率未检测
Ba2+CTL-6+Ba3	95.2%	0.5%滤纸添加量，培养 9 d，8 μm 滤膜抽滤
Ba2+CTL-6+Ba5	95.2%	同上
Ba2+CTL-6+CTS+Ba3	96.6%	同上
Ba2+CTL-6+CTS+Ba5	93.2%	同上
Ba1+CTL-6+Ba3	82.9%	0.5%滤纸添加量，培养 9 d，10 000 r/min 离心 10 min，80 ℃烘干称重
Ba1+CTL-6+Ba5	83.4%	同上

3.1.7　Ba2、CTS 和 CTL-6 菌间组合分解纤维素的性质

将 Ba2、CTL-6 和 CTS 三株菌为研究对象，对它们之间任意组合（包括单菌、两个菌的组合，三个菌的组合）分解纤维素的性质进行了综合比较分析。

（1）滤纸分解效果

具有纤维素分解能力的待考察对象只有 3 组，即 Ba2+CTL-6、CTS+CTL-6 和 Ba2+CTL-6+CTS，它们培养过程中滤纸降解率和分解量的变化见图 3-5。由图 3-5 可知，3 组菌系的滤纸分解能力有明显差异（$p<0.05$），Ba2+CTL-6+CTS 最强，CTS+CTL-6 其次，Ba2+CTL-6 最差；Ba2+CTL-6+CTS 和 CTS+CTL-6 组合的降解率增长比较平稳，而 Ba2+CTL-6 组合培养第 3 天后滤纸降解趋于停滞。培养 7 d，3 组菌系最终的滤纸降解率由强到弱依次为 61.8%，46.9% 和 40.5%，累计分解量分别为 315.3 mg、239.7 mg 和 204.6 mg。最大单日滤纸分解量，Ba2+CTL-6 组合出现在第 2 天至第 3 天，为 122.4 mg；CTS+CTL-6 和 Ba2+CTL-6+CTS 组合均出现在第 1 天至第 2 天，分别为 67.0 mg 和 88.5 mg。

就分解滤纸过程中的宏观表现而言，不同纤维素分解菌系之间的差异主要体现在分解量、分解持续性和分解高峰出现的时间三个方面。由于 Ba2+CTL-6、CTS+CTL-6 和 Ba2+CTL-6+CTS 三组菌系在构成上只有一株菌的差异，所以比较任意两个菌系分解能力的差异便可得知某一株菌在某个菌系中的作用。将 Ba2+CTL-6+CTS 组合的分解能力分别与 Ba2+CTL-6、CTS+CTL-6 比较后发现，Ba2 菌株在 Ba2+CTL-6+CTS 组合中的作用表现在提升滤纸分解能力，而 CTS 菌株的作用表现在增强分解能力的持续稳定性和使滤纸分解高峰出现的时间提前。

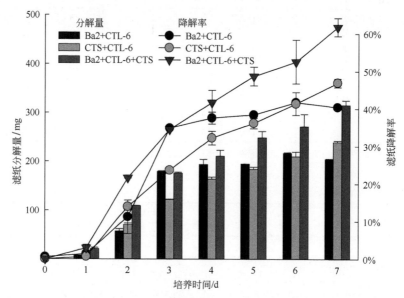

图 3-5   滤纸分解量和降解率的变化

（2）酶活及总蛋白

虽然各菌系分解滤纸过程中初始和结束时的 CMC 酶活差别很小，但培养期间的变化却确不尽相同（图 3-6）。Ba2+CTL-6 组合培养的前 4 天，CMC 酶活逐天上升，第 4 天监测到最大酶活（为 0.401 U/mL），之后平稳波动，培养结束时略有下降。CTS+CTL-6 组合的 CMC 酶活呈不断上升的趋势，培养第 7 天时 CMC 酶活最大，为 0.344 U/mL。Ba2+CTL-6+CTS 组合的 CMC 酶活基本也呈逐天上升的趋势，只是培养第 5 天后增幅明显变小，到第 7 天时甚至还略有下降，最大 CMC 酶活出现在第 6 天，为 0.389 U/mL。

培养体系一定时，酶活检测值的变化可反映体系有效酶量累积的变化。因为目标菌系中具有纤维素分解能力的只有 CTL-6 菌株，所以菌系 CMC 酶活的变化一定程度上是菌系内 CTL-6 菌株产酶代谢活动的体现。CMC 酶活一直上升，则说明培养体系环境适宜 CTL-6 的产酶代谢活动，所以体系内的酶量不断累积；

CMC 酶活不变或下降，则有可能是 CTL-6 菌株的产酶代谢活动停止同时之前累积的酶也在逐渐失活。

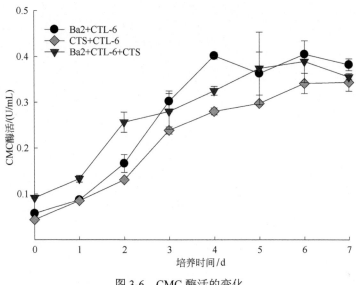

图 3-6　CMC 酶活的变化

由图 3-7 可知，三组菌系在分解滤纸过程中胞外蛋白的分泌情况具有显著差异，Ba2+CTL-6 组合的总蛋白分泌量最高，CTS+CTL-6 组合最低。CTS+CTL-6 组合引入 Ba2 菌株后，总蛋白分泌量明显提升，但又低于 Ba2+CTL-6 组合，表明 Ba2 菌株在菌系总蛋白分泌上的贡献很大，且 CTS 菌株可能对 Ba2 菌株的代谢活动存在一定的抑制作用。Ba2 菌株为地衣芽孢杆菌，很多文献曾报道该类细菌具有丰富的胞外酶系且产酶量高，能分泌多种消化性酶类（如蛋白酶、淀粉酶、

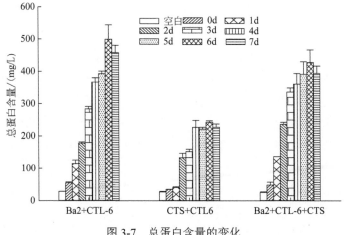

图 3-7　总蛋白含量的变化

脂肪酶），龚大春课题组的研究也发现类似现象。

（3）生物量及 pH

各菌系培养过程中生物量 $OD_{600\,nm}$ 的变化如图 3-8 所示。总体而言，在各数据监测点 Ba2+CTL-6+CTS 组合的生物量高于 Ba2+CTL-6 组合，而 Ba2+CTL-6 组合的生物量又高于 CTS+CTL-6 组合，该结果表明在 Ba2+CTL-6+CTS 的培养体系中三株菌都能适应环境并实现生长增殖。

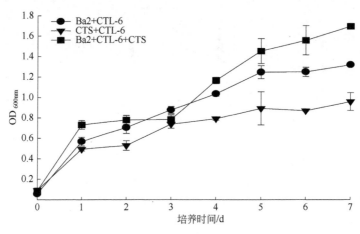

图 3-8   生物量 $OD_{600\,nm}$ 变化

各菌系培养过程中 pH 的变化如图 3-9 所示。Ba2+CTL-6 组合的 pH 变化波动不大，pH 培养初始时为 7.00，第 3 天为 6.88，之后缓慢回升，到培养第 7 天时为 7.14。CTS+CTL-6 组合的 pH 整体呈波动下降的趋势，在培养第 3 天至第 4 天 pH 有一次小幅回升，之后便一直下降，培养第 7 天时降到最低值 5.62。Ba2+CTL-6+CTS 组合的 pH 变化表现为先在偏碱性范围呈现一个波峰变化，后回落至偏酸性范围后，又呈现一个波峰变化；前后两个波峰和一个波谷出现的时间分别为第 1 天（pH 为 7.49）、第 5 天（pH 为 6.61）和第 3 天（pH 为 5.95），全程 pH 变化范围为 5.95~7.49。

在 Ba2+CTL-6+CTS 组合中 CTS 菌株可能具有调节 pH 作用，而 Ba2 菌株的存在又避免了菌系在培养后期 pH 下降过低。由上文分析可知，三组菌系培养后期的 CMC 酶活检测值差别不大，但滤纸分解活性差别明显，培养体系处于酸性环境的 Ba2+CTL-6+CTS 组合和 CTS+CTL-6 组合相比处于偏碱性环境的 Ba2+CTL-6 组合具有更好的持续分解滤纸的表现，该结果进一步表明偏酸性的培养环境有利于菌系纤维素分解活性的持续发挥。

（4）有机酸代谢产物

各菌系分解滤纸过程中乳酸、甲酸、乙酸、丙酸、丁酸和 5 种有机酸总浓度的变化如图 3-10 所示。

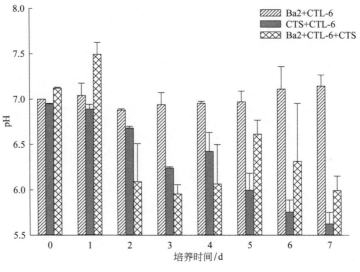

图 3-9　pH 变化

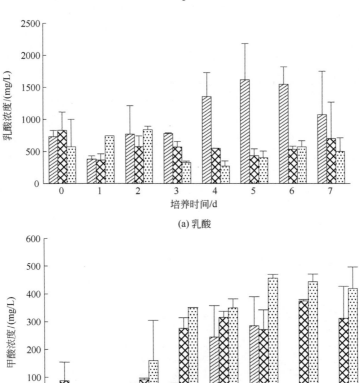

(a) 乳酸

(b) 甲酸

图 3-10

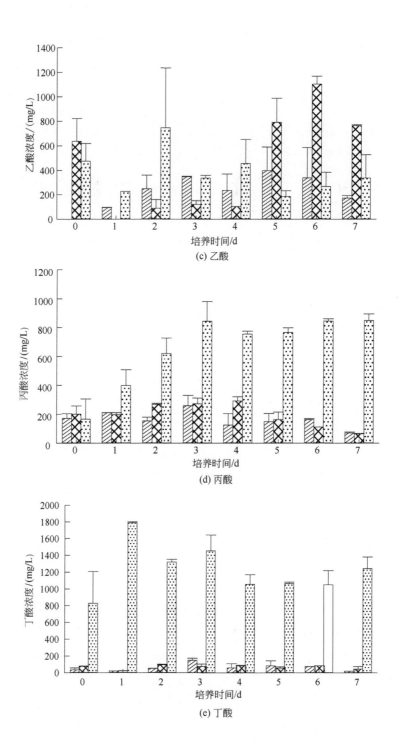

(c) 乙酸

(d) 丙酸

(e) 丁酸

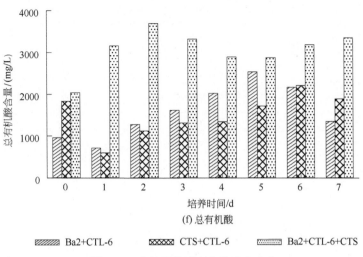

图 3-10　有机酸代谢产物的浓度变化

　　从检测的数据来看，不同菌系在分解滤纸的过程中有机酸的含量变化各不相同。相对而言，Ba2+CTL-6 组合具有代谢量优势的有机酸为乳酸和甲酸，CTS+CTL-6 组合具有代谢量优势的有机酸为甲酸和乙酸，Ba2+CTL-6+CTS 组合具有代谢量优势的有机酸为甲酸、丙酸和丁酸。由于 Ba2+CTL-6+CTS 组合代谢的甲酸和丙酸具有随培养时间延长而累积的趋势，所以后期可以考虑向菌系中引入丙酸和丁酸互营氧化菌、产甲烷菌，这样即可解决有机酸累积的问题又能实现纤维素分解的甲烷转化。

　　各菌系 5 种有机酸总含量的变化（图 3-10）：Ba2+CTL-6 组合培养第 5 天总含量最高，为 2537.1 mg/L；CTS+CTL-6 组合培养第 6 天总含量最高，为 2211.9 mg/L；Ba2+CTL-6+CTS 组合呈先上升后下降再上升的变化趋势，培养第 2 天总含量最高，为 3693.7 mg/L。

　　对不同菌系各有机酸代谢产物和总有机酸随培养时间变化的含量进行单因素方差分析，由结果可知（表 3-5）：Ba2+CTL-6 组合和 CTS+CTL-6 组合除了在乳酸代谢量上有显著差异外，其他有机酸和总有机酸代谢量的差异均不显著；CTS+CTL-6 组合和 Ba2+CTL-6+CTS 组合在丙酸、丁酸和总有机酸代谢量上有显著差异，该结果表明在 Ba2+CTL-6+CTS 组合中 Ba2 菌株对该菌系丙酸和丁酸的代谢有影响；Ba2+CTL-6 组合和 Ba2+CTL-6+CTS 组合在乳酸、甲酸、丙酸、丁酸和总有机酸上均有显著差异，该结果表明在 Ba2+CTL-6+CTS 组合中 CTS 菌株对该菌系有机酸的代谢影响很大。

表 3-5　菌系间有机酸含量变化的单因素方差分析

有机酸	A 与 B 比较	B 与 C 比较	A 与 C 比较
乳酸	+	-	+
甲酸	-	-	+
乙酸	-	-	-
丙酸	-	+	+
丁酸	-	+	+
5 种有机酸	-	+	+

注：1．A 指 Ba2+CTL-6 组合，B 指 CTS+CTL-6 组合，C 指 Ba2+CTL-6+CTS 组合。
2．差异显著性水平（$p<0.05$）。
3．+为显著；-为不显著。

3.2　重金属还原菌群及其生物学特性

3.2.1　重金属铬的污染及修复铬污染进展

（1）重金属铬污染

铬的用途十分广泛，良好的电子层结构赋予了其特殊的工业应用价值，它已在制革、电镀、染料、颜料、有机合成和轻工纺织等领域中得以广泛的应用。然而，铬在被各行业广泛使用而取得良好经济效益的同时，对环境也造成了严重的污染。其污染主要来源于工业"三废"的排放，对生态环境及人类生命的健康造成了严重危害。

（2）微生物修复铬污染研究进展

利用微生物可以修复环境中的铬污染。微生物修复技术最主要的特点是利用微生物将重金属所造成的环境污染减轻或者消除。某些微生物对重金属具有生物吸附、生物体内积累、生物转化等作用，可降低环境中重金属的毒性。目前，微生物修复铬污染主要是通过利用污染环境中的原有微生物或者向污染环境中补充经过驯化的可高效还原铬的微生物，在优化的工艺和生长条件下，发挥还原作用，将六价铬还原为三价铬，从而达到修复铬污染环境的目的。

自 20 世纪 70 年代后期观察到细菌可以还原六价铬，研究工作者已分离出了多种具有耐铬能力和还原六价铬能力的细菌，如芽孢杆菌属、假单胞菌属、硫酸盐还原菌、纤维素菌属、肠杆菌属及一些光合细菌等。这些微生物类群修复铬污染方面的功能引起了国内外研究者极大的兴趣。

Joutey 等从被制革废物污染的土壤中分离出一种降铬酸盐菌株 CRB2。该细菌对重金属具有多重抗性，对于六价铬的最低抑菌浓度为 700 mg/L，Cr（Ⅵ）还原的最佳 pH 和温度分别为 8.0 ℃和 30 ℃。同时观察到在有氧条件下，比厌氧条件下的铬酸盐还原的效率提高了三倍。

Terahara 等根据 Cr（Ⅵ）抗性和 Cr（Ⅵ）还原能力，从河口、海洋和陆地样品中筛选出了 Cr（Ⅵ）还原菌。在分离的 80 个链霉菌样菌株中，发现 20 个菌株对 50 mg/L 的 Cr（Ⅵ）具有抗性。发现从河口沉积物中分离出的两株菌对 150 mg/L Cr（Ⅵ）是有抗性的。此外，还发现一种热链霉菌能在 7 d 内除去 60 mg/L 的 Cr（Ⅵ），并且在 27 ℃和 NaCl 浓度为 6.0%时能够还原 Cr（Ⅵ），说明此菌株具有无需加热即可从受污染的高盐度环境中去除六价铬的潜在能力。

Rahman 等从皮革制造业附近的土壤中分离的阴沟肠杆菌 B2-DHA 对铬具有良好的抗性，最低抑菌浓度为 1000 mg/L，此菌能够在温度 20~45 ℃、pH 5~9 的环境下生长，在液体培养基中培养 120 h 可将 100 mg/L 的 Cr(Ⅵ)降至 19 mg/L，还原率达到 81%。

Kumari 等从铬渣中分离出了铬酸盐抗性菌株 Cr8，在 Cr（Ⅵ）初始浓度为 100 mg/L 和 200 mg/L 时，施氏假单胞菌 Cr8 在 24 h 内完全还原 Cr（Ⅵ），随后他们设计了一个由玻璃柱、合成布、无菌土等制成的土柱淋滤装置，进行了土柱淋滤实验，发现添加施氏假单胞菌 Cr8 的实验组以更快更高的效率还原了 Cr（Ⅵ）渗滤液，168 h 后几乎检测不到 Cr（Ⅵ），而未施用施氏假单胞菌 Cr8 的土柱渗滤液中 Cr（Ⅵ）浓度无明显降低。

朱培蕾等从活性污泥中驯化分离得到的一株高效 Cr（Ⅵ）还原菌菌株 Cr4-1。经生理生化鉴定和 16S rDNA 测序，确定其为蜡样芽孢杆菌。在温度为 35 ℃，pH 7~8，摇床转速在 200 r/min 的条件下能够高效地还原 Cr（Ⅵ）。当 Cr（Ⅵ）浓度为 30 mg/L 时，反应时间 9 h 还原率可达 100%；当 Cr(Ⅵ)初始浓度为 60 mg/L 和 90 mg/L 时，经过 25 h，Cr（Ⅵ）浓度可降至 10.25 mg/L 和 34.59 mg/L，还原率达 82.92%和 61.57%。Cr（Ⅵ）初始浓度越低，还原效果越好，还原反应终产物为可溶性三价铬。

朱玲玲等从工业区六价铬废水污染的土壤中采样分离得到一株耐铬细菌 Y73，最高可在六价铬浓度为 1600 mg/L 的 LB 培养基中生长。该菌在有氧、无氧和兼性无氧的条件下都可以还原六价铬，而在兼性无氧的条件下六价铬还原效率最高，可在 96 h 内将 1000 mg/L 六价铬还原 83%。另外，该菌株能在 pH 5~11 和温度 10~50 ℃范围内还原六价铬，最佳反应条件是 pH=7 和 30 ℃条件下。随着接种量的增加，六价铬的还原率增加，但接种量超过 10%时，再增加接种量对六价铬还原的影响不明显。

一些研究员不仅仅满足于菌株对高浓度六价铬的还原，还进行了铬还原菌株对植物生长和产量的影响的研究。

Maqbool 等从收集的铬污染土样中分离到了一株布鲁氏菌 K12,其最低抑菌浓度为 45 mg/L,将菌株接种到 Cr(Ⅵ)污染的土壤中,与未接种的对照组相比,接种后土壤中的 Cr(Ⅵ)浓度显著降低,Cr(Ⅵ)浓度降低 69.6%,通过接种显著增强了秋葵植物的生长并使其产量升高。其中植物高度、根长、果实重量和单株果实数量分别增加至 77.5%、72.6%、140% 和 29%,并且使秋葵营养部位和生殖部位的 Cr(Ⅵ)浓度显著降低。

Soni 等在控温室进行了盆栽试验,以研究四种还原 Cr(Ⅵ)的细菌菌株(SUCR44、SUCR140、SUCR186 和 SUCR188)是否能够减少人工 Cr(Ⅵ)污染的土壤中铬对豌豆植物的毒性。研究发现,播种前 15 天用 SUCR14 预处理土壤,与未接种处理的空白对照组相比,根长、株高、根生物量和枝生物量都有很大增加。在存在 SUCR140 的情况下,土壤中的根瘤菌种群得到改善,从而导致植物中更高的氮浓度。这项研究表明,Cr(Ⅵ)还原菌株 SUCR140 可通过降低 Cr 毒性和改善植物与根瘤菌的共生关系提高产量。Parvaze Ahmad Wani 等在铬还原菌对大豆作物生长的影响研究中也得到了相似的结论。

Fatima 等从受铬污染的水、工业区附近的植物以及工业区的土壤中分离得到了三种铬还原菌(EⅣ、3a、EⅢ),并将无污染的玉米幼苗种植到含铬土壤中,通过分别接种三种铬还原菌,研究铬还原菌对玉米生长的影响。结果显示接种蜡样芽孢杆菌后,芽长和根长分别显著增加,芽长和根长分别增加了 19% 和 29%。铬的毒性作用导致植物的枝条和根长的生长延迟,在 Cr(Ⅵ)浓度为 800 mg/mL 和 1000 mg/mL 的铬胁迫下,用分离株 EⅢ 进行的细菌接种与相应空白对照组比较,苗长增加 20% 和 34%。研究发现所有菌株接种到土壤后都能使植物色素含量增加,鲜重增加,产量增高。

随着研究的不断深入发现真菌在处理铬污染环境中也发挥着重要作用。大量科研人员实验证明白腐真菌、酵母、霉菌等其他真菌对环境中的六价铬有着极好的耐性以及对降低铬污染环境中六价铬的含量有着极好的效果。

在铬污染环境之中虽然生活着一些本身具有还原 Cr(Ⅵ)能力的原有微生物,但是,环境中 Cr(Ⅵ)被自然还原的速度非常缓慢,因此,加快微生物将 Cr(Ⅵ)还原为 Cr(Ⅲ)的进程非常有必要。

不同的微生物具有不同的还原机制。目前,微生物去除 Cr(Ⅵ)的作用机理大致可分为生物吸附法和生物还原法两种。

对重金属铬的吸附主要可为两个方式。第一种方式是被动吸附,细胞的某些特异性功能基团如酰胺、羟基和羧基等在细胞表面通过络合、离子交换、共价吸附等方式与铬离子结合,使一部分重金属铬积累在细胞表面,细胞的结构的不同及其表面功能基团的不同，导致微生物细胞对铬的吸附能力各不相同。第二种方式是主动吸附，指附着在细胞表面的金属铬离子通过与特定酶结合而将其转移至胞内的过程。被动吸附快速且不参与能量代谢，主动吸附则伴随着菌体的正常生命活动而消耗能量，耗时也较被动吸附长。一般情况下，吸附菌体所处环境及作用条件决定了两种吸附方式是单独作用还是协同作用。

目前，关于微生物还原 Cr（Ⅵ）的机理大致有两种：一是直接还原，即酶促还原；二是间接还原，即代谢产物还原反应。

直接还原机理是指微生物通过酶促反应或功能蛋白传递电子等直接将 Cr（Ⅵ）转化为 Cr（Ⅲ），继而降低其生物毒性。直接还原还可根据有无氧气参与分为好氧和厌氧两种方式。好氧还原一般是由细胞质内可溶性的 ChrR 或 YieF 酶催化六价铬还原成三价铬。厌氧环境下的 Cr（Ⅵ）还原与呼吸链电子传递相关，以碳水化合物、蛋白、脂肪、氢气等作为电子供体，Cr（Ⅵ）为最终电子受体，通过细胞色素进行电子传递，完成 Cr（Ⅵ）还原。

间接还原主要指微生物在进行正常生命活动的同时，用其代谢产物来还原 Cr（Ⅵ）的过程。最典型的代表就是硫酸盐还原菌，该菌是一类能利用硫酸盐或其他氧化态的硫化物作为电子受体来异化有机质的严格厌氧菌，在 Cr（Ⅵ）还原过程中发挥了很重要的作用。硫酸还原菌通过自身的代谢活动生成 H_2S，与 Cr（Ⅵ）发生反应，从而还原 Cr（Ⅵ）。

固定化技术、淋洗技术、电动修复技术、玻璃化法、热处理等方法大多数需要高能耗或者需要使用大量的化学试剂，相对于上述传统方法微生物修复技术主要的优点是：效率高、对环境造成的伤害较小、不会造成较大的二次污染、处理的方式多样、操作相对简单、修复费用较低。从已有的关于生物修复的研究报道可以发现具有 Cr（Ⅵ）还原能力的菌株来源广泛、种类多样，因此利用微生物治理铬污染有广阔的发展前景，应用生物修复技术治理铬污染是一种环境友好型技术。但菌种的选育、生物还原作用的机理、过程的模拟和优化等是提高铬污染生物修复效果的关键因素，需要系统地加以研究。

（3）高通量测序技术在铬污染微生物修复的应用

在 Cr（Ⅵ）污染水体、土壤中筛选和驯化高效 Cr（Ⅵ）去除菌株是微生物修复 Cr（Ⅵ）污染的关键。传统筛选菌株的方法一般是用选择性培养基通过几代的驯化培养来筛选菌种，选择能耐受和解毒指定污染物的微生物。但是这种分离富集的筛选方法具有很大的局限性，环境之中存在着大量共生的微生物，有的微生物生物量大，菌株活力强，菌落形态易在平板上显现出来，利用平板分离时，可快速将其分离出来，而有的微生物则难以利用平板分离获得。

高通量测序技术近些年快速发展，通过在数百万个点上同时阅读测序，即可同时一次性大批量检测不同时间、地区的多个样品。分辨率高，能检测出更多 DNA 的丰度，成本低，操作相对简单，可避免因多次实验造成的误差，测定时样品所需量少，并且提高了对数量上占少数的微生物群落的覆盖。

肖蓉等以铬污染农田土壤为研究对象，采用高通量测序方法分析土壤细菌多样性特征，并根据多样性分析结果，采用选择性培养基快速筛选对铬具有适应性和去除能力的细菌，结果显示：受铬污染的土壤细菌群落丰度和多样性均低于未受铬污染土壤。在门水平上，铬污染土壤中放线菌门细菌丰度显著高于未受铬污染的土壤，在属水平上，芽孢杆菌属是铬污染土壤中丰度最高的优势属，显著高于未受铬污染的土壤。从铬污染土壤中共分离到 6 株能够耐受 1000 mg/L 铬的细菌。6 株菌都具有一定的 Cr（Ⅵ）去除能力，其中 Cr1、Cr3 和 Cr8 能在 72 h 内将 500 mg/L 铬培养基中的 Cr（Ⅵ）全部去除，Cr8 能在 72 h 内将 1000 mg/L 铬培养基中的 Cr（Ⅵ）去除 61.2%。16S rDNA 测序结果表明，6 株菌中有 5 株属于厚壁菌门芽孢杆菌属，1 株属于放线菌门纤维微菌属。研究表明受到铬污染的土壤，其细菌多样性会降低，根据高通量测序结果可以有选择性地快速筛选铬污染修复菌株。

3.2.2　Cr（Ⅵ）还原菌群的性质

（1）Cr（Ⅵ）还原菌群

本部分内容将介绍一组 Cr（Ⅵ）还原菌群 YEM001 的构建及单菌的分离。该菌群在 28 ℃静置培养，48 h 后，100 mg/L Cr（Ⅵ）的 PCS 培养液由黄色转变为灰色，同时通过六价铬快速检测试纸检测溶液中 Cr（Ⅵ）含量，结果显示溶液中已经无法检测到 Cr（Ⅵ），表明溶液中的 Cr（Ⅵ）已经被还原。

（2）pH 对菌群 YEM001 还原 Cr（Ⅵ）的影响

溶液的 pH 是一个重要的参数，因为 pH 的变化会影响酶的活性以及蛋白质构象。为了达到最大还原效率，观察 pH 4.0～9.0 的实验结果。培养 72.83 h 后，从图 3-11 可以看到 Cr（Ⅵ）还原率在 43.33 h、pH 8.0 还原率就已经基本达到 100%。在 pH 4.0、5.0 时，菌群基本不生长，在 pH 6.0、9.0 时，虽然观察到菌群生物量不断增加，但是菌群对 Cr（Ⅵ）还原效率十分低，不到 20%。菌群 YEM001 在 7～8 的 pH 范围内还原效率更好，pH 8 作为 Cr（Ⅵ）还原的最佳条件。

在考察菌群生长和还原 Cr（Ⅵ）的同时，也对还原过程中溶液 pH 变化进行了测定。在不同初始 Cr（Ⅵ）浓度和不同 pH 液体培养基中，除了在 pH 4.0、5.0

时由于完全抑制了菌群的生长，溶液 pH 没有变化，在菌群能够生长的其他 pH 条件下，随着菌群的生长繁殖，溶液中的 pH 发生了很大的变化。pH 值低于 8 的实验组，随着时间的推移，溶液浓度不断上升向 8.0 靠齐，在 pH 7.0 的实验组中更是观察到溶液 pH 最终在 8.0 左右稳定。而 pH 9.0 的实验组则是 pH 值缓缓下降到 8.0 左右。在不同浓度的 Cr（Ⅵ）溶液中 pH 变化规律相似，都是先上升后下降，最后稳定在 8.0 左右。吴颖等在对一株耐铬产碱菌 CQMU-1 的研究中也发现，该菌株对环境 pH 的适应能力较强，在 pH 6.0～8.0 的培养基中去除 Cr（Ⅵ）的效果较好，且实验后溶液的 pH 均在 9 左右。

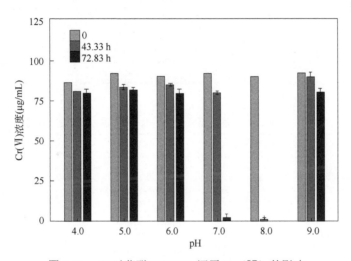

图 3-11　pH 对菌群 YEM001 还原 Cr（Ⅵ）的影响

（3）温度对菌群 YEM001 还原 Cr（Ⅵ）的影响

研究发现菌群在 15～35 ℃能完全还原 Cr（Ⅵ）。在环境温度为 15 ℃时，菌群 YEM001 生长较为缓慢，相应的溶液中 Cr（Ⅵ）的浓度下降出现延滞的现象。在环境温度为 40 ℃时，总的生物量一直维持在低水平，溶液中的 Cr（Ⅵ）缓缓下降，说明此温度抑制菌群的生长，但并没有完全抑制菌群还原 Cr（Ⅵ）的能力。而在 45 ℃时，菌群基本不生长，Cr（Ⅵ）浓度几乎没有降低。在相同时间内，环境温度为 30 ℃时，总的生物量最高，还原 Cr（Ⅵ）的速率最快，所以 30 ℃为菌群还原 Cr（Ⅵ）的最适温度。

（4）菌群 YEM001 和溶解氧对还原 Cr（Ⅵ）的影响

氧化还原电位表征介质氧化性或还原性的相对程度。电位为正表示溶液显示出一定的氧化性，为负则说明溶液显示出还原性。YEM001 在液体培养液中，静置培养条件下，随着培养时间的延长，培养液的 ORP 值由正到负，溶液体系从最初的氧化态转变为还原态，此时溶液中 Cr（Ⅵ）浓度逐渐下降，Cr（Ⅵ）逐渐被还原（表 3-6）。然而溶解氧浓度会影响溶液体系中氧化还原电位，摇动液体后，体系中 ORP 值会上升，使溶液体系中原本的还原电位变为氧化电位。为了进一步探索还原后的 Cr（Ⅲ）是否具有稳定性，将上述静置培养下的体系分别进行了 10 min、1 h、6 h 的摇动（其他培养条件不变），分别检测其三个时段的 Cr（Ⅵ）浓度以及 ORP 值。由表 3-7 可以看出随着摇动时间的增加，溶液体系由还原态变为了氧化态，而溶液中并未检测到 Cr（Ⅵ），所以经菌群 YEM001 还原的 Cr（Ⅵ）能稳定地存在于溶液体系当中。

表 3-6　菌群 YEM001 还原 Cr（Ⅵ）过程中氧化还原电位的变化

时间	0 h	24 h	48 h
六价铬浓度/(mg/L)	101.37±1.08	25.65±0.88	0
ORP 值/mV	34.83±1.77	−85±3.55	−341.83±6.51

表 3-7　溶解氧对氧化还原电位以及溶液 Cr（Ⅵ）的影响

时间	10 min	1 h	6 h
六价铬浓度/(mg/L)	0	0	0
ORP 值/mV	−214.33±8.55	−35.67±7.36	39.83±3.62

（5）Cr（Ⅵ）胁迫对菌群 YEM001 细胞形态的影响

图 3-12 是菌群 YEM001 在无 Cr（Ⅵ）与有 Cr（Ⅵ）溶液中生长的扫描电镜图。从图中可以看出，Cr（Ⅵ）处理的菌群细胞在暴露于 Cr（Ⅵ）下显示出显著的形态变化。从图 3-12（a）中可以看出，在不含 Cr（Ⅵ）的培养基中生长的细菌生长情况良好，细胞形态完整呈细长状，表面光滑饱满。从图 3-12（b）可以看出，在 Cr（Ⅵ）浓度为 100 mg/L 条件下，菌群细胞生长情况依旧很好，细胞形态较为完整，但与空白对照组相比，其细胞表面粗糙，出现不规则的褶皱，在细胞表面还有一些附着物，同时有些细胞还出现末端缺失的现象。Rajesh Singh 等以及 N.M.Raman 等也发现在 Cr（Ⅵ）处理下，细胞会发生形态的改变。这可能是吸附在细菌表面的铬导致细菌形状的改变，当细菌暴露于外部的有毒污染物时，细菌细胞可能会排列聚集在一起，以一种自我防御机制来保护自己。

与 SEM 结果相似，透射电子显微镜（TEM）结果表明，不含 Cr（Ⅵ）的菌群 YEM001 具有清晰而平滑的边界 [图 3-13（a）]。但是，在 100 mg/L Cr（Ⅵ）介质中，大多数细胞具有皱纹表面边缘 [图 3-13（b）]。

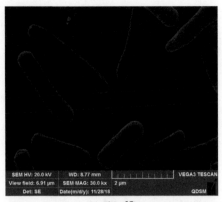

(a) 无Cr(Ⅵ)

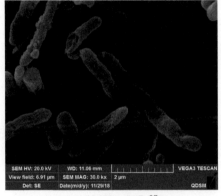

(b) 100mg/L Cr(Ⅵ)

图 3-12 扫描电子显微镜下观察 Cr（Ⅵ）胁迫对菌群 YEM001 细胞形态的影响

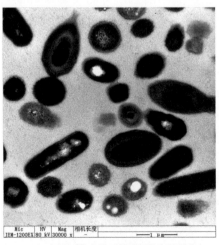

（a）无Cr(Ⅵ)条件下菌群细胞生长形态

图 3-13

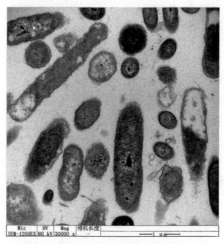

(b) 含有 100 mg/L Cr（Ⅵ）条件下菌群细胞生长形态

图 3-13　透射电子显微镜下观察 Cr（Ⅵ）胁迫对菌群 YEM001 细胞形态的影响

3.2.3　Cr（Ⅵ）还原菌群的结构及稳定性

菌群 YEM001 表现出良好的还原 Cr（Ⅵ）的能力，因此了解其菌群结构及其还原 Cr（Ⅵ）的稳定性显得尤为重要。通过高通量测序技术对此菌群结构及其稳定性进行了分析。

（1）菌群 YEM001 菌群结构分析

通过宏基因组测序分析 YEM001 的群落结构。结果显示，YEM001 由多种细菌组成，细菌基因占群落总基因的 97.52%。变形杆菌是优势种（占总基因的92.79%），而 *Delftia* 是群落中最优势的属，其基因的丰度达到总基因的 57.4%。其中，*Delftia acidovorans* 是最丰富的物种，占 25.43%。*Comamonas*、*Alicycliphilus* 和 *Acidovora* 也是丰富的属，所占比例分别为 7.84%、7.49% 和 7.27%。据报道，从土壤中分离到的 *Delftia acidovorans* 是一种兼性细菌。它可以降解多环芳烃和代谢甲基化合物。*Alicycliphilus* 能够将 Cr（Ⅵ）转化为 Cr（Ⅲ），主要存在于垃圾填埋场和废水污泥处理等污染场所。据报道，*Acidovorax* 和 *Comamonas* 能够在受Cr（Ⅵ）污染的环境中还原 Cr（Ⅵ）。

使用 DIAMOND 将基因集蛋白序列与 ARDB 数据库进行比对，得到其对应的抗生素抗性基因的种类和数目，可以看出抗生素抗性基因 *MacB* 以及 *BcrA* 丰度比其他抗生素抗性基因明显要多，这说明具有抗性基因的菌群 YEM001 对这两种抗生素具有明显的抗性作用，可为利用菌群 YEM001 环境治理提供一些参考。CAZy（Carbohydrate-Active Enzymes Database）是一类生长代谢中很重要的酶数据，发现糖苷水解酶（Glycoside Hydrolases，GHs）、糖基转移酶（Glycosyl Transferases，GTs）、和糖类酯解酶（Carbohydrate Esterases，CEs）、辅助氧化还原酶（Auxiliary activities，AAs）这四类酶基因丰度较高，这说明菌群 YMM001 具有降解、修饰、生成糖苷键以及催化发生氧化还原的功能。

（2）菌群 YEM001 结构稳定性分析

收集传代 5 次后 YEM001-1～YEM001-5 的样品，并提取 DNA 用于 16S rRNA 基因 V3～V4 区域的高通量测序，所得有效序列在 97%的相似水平下进行生物信息统计分析。结果表明五组样品中的细菌 OTU 数目比较接近。Chao1 指数和 ACE 指数可以用来估计菌落中 OUT 数目，是估计物种总数的一种常用指数。表 3-8 中 Chao1 指数和 ACE 指数结果显示在不断传代过程中细菌的菌落较为稳定，OTU 数目无很大差异性变化。Shannon 指数和 Simpson 指数都可用来估计样品中微生物多样性，Shannon 指数越大，说明群落多样性越高；Simpson 指数越大，说明群落多样性越低。5 组的 Shannon 指数和 Simpson 指数数值都较为接近，说明 5 组的群落多样性较为相似。

表 3-8　五组样品中细菌多样性分析

样品名称	OTU 数目	Shannon 指数	ACE 指数	Chao1 指数	覆盖率	Simpson 指数
YEM01-1	2006	1.82	98 568.57	30 684.44	0.96	0.38
YEM01-2	2058	2.22	54 952.56	25 192.13	0.96	0.25
YEM01-3	2235	2.40	93 361.82	35 691.23	0.96	0.20
YEM01-4	2422	2.51	81 610.39	30 276.03	0.96	0.17
YEM01-5	2056	2.08	87 405.95	44 012.39	0.96	0.25

图 3-14 显示了细菌属水平的菌群分布。从图 3-14 可以看出五组样品中主要细菌属组成和丰度没有明显差异。五组样品都包含 *Delftia*、*Clostridium* XI、*Comamonas* 这三种细菌属，所占比例都超过每组样品总细菌属的 70%，优势菌属是 *Delftia*。YEM01-4 稍有不同，一些未分类的细菌增加了丰度而 *Delftia* 的丰度降低了。YEM01-4 具有比其他菌群更多的未分类物种，如果去除未分类物种，则 YEM01-4 与其他 4 个群落的组成具有高度相似性。数据表明菌群 YEM001 具有良好的结构稳定性。此外，五组样品对 Cr（Ⅵ）的还原效果基本相似，48 h 都能完全还原溶液中的 Cr（Ⅵ）。在不断传代过程中细菌丰度和多样性无明显差异性变化，起到 Cr（Ⅵ）还原作用的主要细菌功能菌属在不断传代过程中，较为稳定。

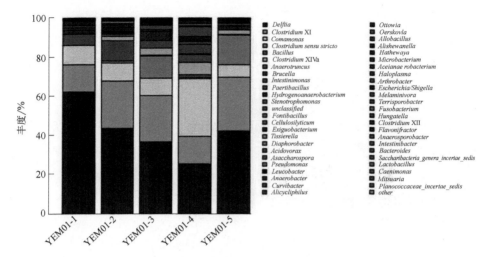

图 3-14　细菌属水平的菌群分布

3.2.4　Cr（Ⅵ）还原菌群在 Cr（Ⅵ）污染环境中的应用

本部分内容以污泥和餐厨垃圾滤液为环境对象，探索菌群在 2 种环境介质中修复 Cr（Ⅵ）污染的效果。

（1）污泥和餐厨垃圾滤液的部分理化性质

表 3-9 和表 3-10 列出污泥和餐厨垃圾滤液的理化性质特征。污泥的含水率较高，初始 pH 为 8.0 左右。而餐厨垃圾滤液的 pH 呈酸性。

表 3-9　污泥部分理化性质

有机质/(g/kg)	总氮/(g/kg)	有效磷/(mg/kg)	含水率/%	pH	六价铬含量
37.66±0.17	1.62±0.03	48.31±0.18	69±0.3	8.0±0.1	未检出

表 3-10　餐厨垃圾滤液部分理化性质

总氮/(mg/L)	总磷/(mg/L)	COD/(mg/L)	pH	六价铬含量
294.24±7.1	87.40±0.66	11010±75	5.1±0.1	未检出

（2）菌群 YEM001 在模拟 Cr（Ⅵ）污泥及餐厨垃圾滤液中的应用效果

图 3-15 显示了 48 h 内 Cr（Ⅵ）污染污泥中 Cr（Ⅵ）还原情况。经过 48 h，添加了菌群 YEM001 的实验组，Cr（Ⅵ）基本被还原，而未添加菌群 YEM001 的空白对照组 Cr（Ⅵ）含量基本没有降低。图 3-16 显示了 Cr（Ⅵ）餐厨垃圾滤液中 Cr（Ⅵ）还原情况，在 48 h 内，菌群能够将餐厨垃圾滤液中的 Cr（Ⅵ）

完全还原，而未添加菌群 YEM001 的空白对照组 Cr（Ⅵ）含量基本没有降低。

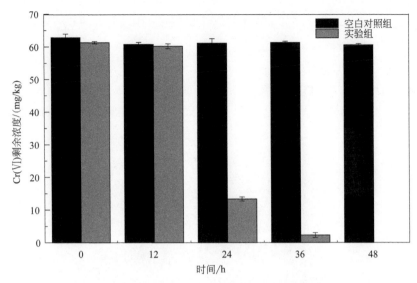

图 3-15　模拟 Cr（Ⅵ）污泥中 Cr（Ⅵ）还原情况

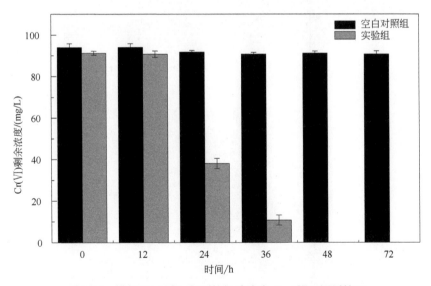

图 3-16　模拟 Cr（Ⅵ）餐厨垃圾滤液中 Cr（Ⅵ）还原情况

污泥和餐厨垃圾滤液中营养物质丰富，污泥 pH 与菌群最适生长 pH 相同，为菌群的生长代谢提供了良好的环境；而餐厨垃圾滤液呈酸性，实际应用时需要调整 pH。菌群能够在 48 h 左右将人为制备的含铬污泥和餐厨垃圾滤液中所能检测到的六价铬全部还原，说明菌群具有修复铬污染土壤和水体环境的潜力。

3.2.5　Cr 还原单菌

Alicycliphilus denitrificans Ylb10 是分离于 YEM001 菌群中的 Cr（Ⅵ）还原菌株。

（1）Ylb10 菌株的形态特征

通过梯度稀释平板涂布，得到一株生长较好的菌株，命名为 Ylb10 菌株，其菌落在含 Cr（Ⅵ）的 PCS 培养基平板上生长状态良好，菌落形态较小，圆形，边缘规则，呈半透明 [图 3-17（a）]，革兰氏染色呈阴性 [图 3-17（b）]。

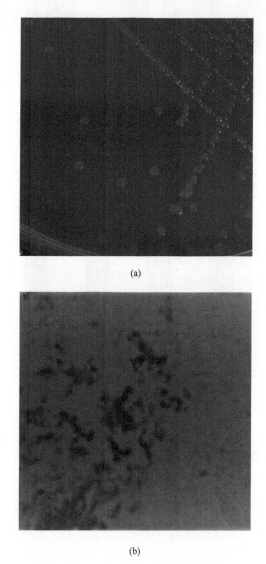

(a)

(b)

图 3-17　Ylb10 菌在含 Cr（Ⅵ）的 PCS 培养基上的生长形态（a）和
Ylb10 菌的革兰氏染色情况（b）

（2）PCR 扩增产物的纯化与测序

以 Ylb10 菌株的基因组 DNA 为模板，使用通用引物进行 PCR 扩增 16S rDNA 基因，经电泳检测，获得约 1.5 kb 的 16S rDNA 保守序列。

扩增后的样品进行切胶回收，利用产物回收试剂盒，得到目的片段基因，经 DNA 测序发现得到 1418 bp 的核苷酸序列。

（3）Ylb10 菌序列分析及系统树的构建

将测序所得的序列提交到 GenBank，用 BLAST 比对结果显示，该序列与数据库中多株脱氮嗜脂环物菌（*Alicycliphilus denitrificans*）的核苷酸序列相似性较高，相似率为 98.07%。*Alicycliphilus* 菌株能够降解某些污染物，如丙酮、环己醇、*N*-甲基吡咯烷酮、苯、甲苯、蒽聚氨酯清漆和泡沫，它们还可以将 Cr（Ⅵ）转化至 Cr（Ⅲ）。

（4）Ylb10 菌株底物利用分析

利用 Biolog 分析 Ylb10 能够利用的底物。菌株在 33 ℃培养 24 h 后，测定 GEN Ⅲ鉴定板底物的利用情况（表 3-11）。Ylb10 主要利用的底物有：丙酮酸甲酯、

表 3-11　菌株 Ylb10 GEN Ⅲ鉴定板反应结果

底物	结果	底物	结果	底物	结果
蜜三糖，棉子糖	−	丙酮酸甲酯	+	林肯霉素，洁霉素	+
α-D-葡糖	−	糖质酸	−	8%NaCl	−
D-山梨醇	−	D-松二糖	−	D-丝氨酸	−
明胶	−	*N*-乙酰-D-半乳糖胺	−	二甲胺四环素	−
果胶	−	L-鼠李糖	−	亚碲酸钾	−
肌苷	−	D-天冬氨酸	−	D-海藻糖	−
L-丝氨酸	+	4%NaCl	−	β-甲酰-D-葡糖苷	−
L-乳酸	+	梭链孢酸	−	D-半乳糖	−
龙胆二糖	−	利福霉素 SV	+	D-水杨苷	−
N-乙酰-D-葡糖胺	−	氯化锂	−	L-精氨酸	−
L-谷氨酸	+	D-麦芽糖	−	3-甲酰葡糖	−
D-葡糖-6-磷酸	−	蜜二糖	−	L-天冬氨酸	+
1%NaCl	+	溴-丁二酸	−	β-羟基-D,L-丁酸	+
乳酸钠	+	D-阿拉伯醇	−	水苏糖	−
醋竹桃霉素	−	L-丙氨酸	+	奎宁酸	−
萘啶酮酸	−	甲酸	−	*N*-乙酰-β-D-半乳糖胺	−
糊精	−	D-纤维二塘	−	丁酸钠	−
α-D-乳糖	−	α-羟基-丁酸	+	溴酸钠	−
D-甘露糖	−	蔗糖	−	硫酸四癸钠	−
乙酸	+	丙酸	+	万古霉素	+
N-氨基乙酰-L-脯氨酸	−	*N*-乙酰神经氨酸	−	氨曲南	+
D-丝氨酸	−	α-酮-丁酸	+		

注："+"表示阳性，"−"表示阴性。

α-羟基-丁酸、L-乳酸、α-酮-丁酸、丙酸、乙酸、β-羟基-D,L-丁酸、L-丙氨酸、L-天冬氨酸、L-谷氨酸、L-丝氨酸等，而对 α-D-葡糖、D-半乳糖、α-D-乳糖、D-麦芽糖、蔗糖、水苏糖、L-鼠李糖、蜜二糖、糊精和 D-甘露糖等多种糖都未表现代谢能力。而研究表明 *Alicycliphilus denitrificans* K601T 可以利用一元羧酸（C2～C7）、柠檬酸、琥珀酸、苹果酸、乳酸、丙酮酸和富马酸等。苹果酸和乳酸对 Cr（Ⅵ）还原具有一定的促进作用。小分子有机酸对 Cr（Ⅵ）还原有一定影响，例如在还原态绿脱石-有机酸-Cr（Ⅵ）共存的体系中，酒石酸和苹果酸等会促进绿脱石中结构亚铁还原 Cr（Ⅵ），含有 α-羟基/羧基的有机酸可提供电子来还原 Cr（Ⅵ）。Ylb10 对 Cr（Ⅵ）的还原能力，可能与有机酸的利用有关。

（5）Ylb10 菌株生长特性

Ylb10 菌在无 Cr（Ⅵ）的 PCS 培养基中的生长趋势如图 3-18 所示。菌株在很短时间内开始复苏生长，并在 40 h 内结束指数生长期，进入生长的稳定期，87 h 进入衰亡期。

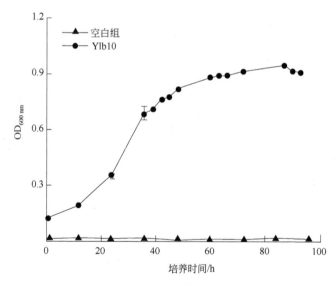

图 3-18　Ylb10 菌无 Cr（Ⅵ）条件下生长曲线

（6）氧气对 Ylb10 菌还原 Cr（Ⅵ）的影响

比较 Ylb10 在不同氧含量条件下生物量（$OD_{600\,nm}$）和还原 Cr（Ⅵ）的效率（图 3-19）。结果显示 Ylb10 在摇床培养条件下的生物量显著高于静置培养，充足的氧气更有利于 Ylb10 的生长。与生物量趋势相反，Ylb10 在摇床培养下，Cr（Ⅵ）还原能力非常弱，在 72 h 将 100 mg/L 的 Cr（Ⅵ）还原 18.24%，而在静置培养 36 h

可还原 98.70%。氧气对 Ylb10 还原 Cr（Ⅵ）具有抑制作用。Ylb10 菌在厌氧条件还原 Cr（Ⅵ），在实际应用 Cr（Ⅵ）污染的水和土壤时更有优势。

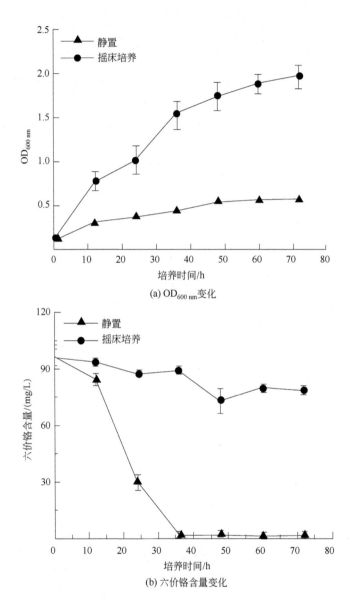

(a) OD$_{600\,nm}$变化

(b) 六价铬含量变化

图 3-19　Ylb10 菌在静置与摇床培养条件下生长（a）与对 Cr（Ⅵ）还原效果对比图（b）

（7）不同初始 Cr（Ⅵ）浓度对 Ylb10 菌还原 Cr（Ⅵ）的影响

当培养液中 Cr（Ⅵ）的浓度为 50 mg/L、100 mg/L、200 mg/L 和 300 mg/L，Cr（Ⅵ）还原率分别为 96.45%、93.83%、99.06% 和 2.15%。全部还原所需要的时

间随着 Cr（Ⅵ）浓度的升高而延长。而当培养液中 Cr（Ⅵ）浓度达到 300 mg/L 时，该菌株几乎无法还原 Cr（Ⅵ）（图 3-20）。

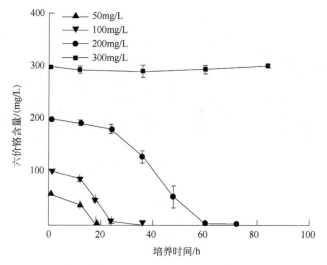

图 3-20　不同 Cr（Ⅵ）初始浓度对 Ylb10 菌还原 Cr（Ⅵ）的影响

（8）不同初始 pH 对 Ylb10 还原 Cr（Ⅵ）的影响

pH 对 Ylb10 的生长和还原 Cr（Ⅵ）的能力具有明显的影响。Ylb10 最适生长的 pH 为 7 ［图 3-21（a）］。而当 pH 低于 6，菌株的生长严重受到抑制（图 3-21）。

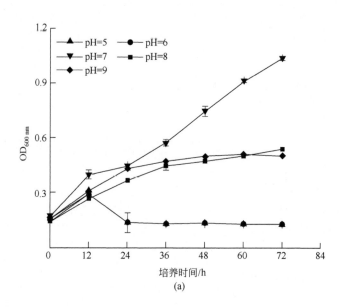

(a)

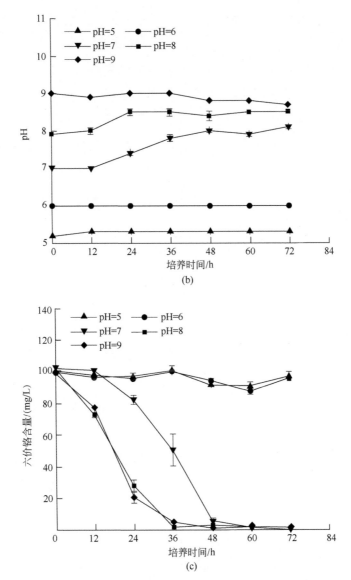

图 3-21　不同初始 pH 条件下，Ylb10 菌 $OD_{600\,nm}$（a）pH（b）
Cr（Ⅵ）含量（c）变化情况

　　环境的 pH 也影响 Ylb10 对 Cr（Ⅵ）的还原效率。当培养液的 pH 为 5、6 时，
Ylb10 未表现出 Cr（Ⅵ）的还原能力。当 pH 为 7、8、9 时均表现出还原 Cr（Ⅵ）
的能力。且当 pH 为 8 和 9 时，Ylb10 还原 Cr（Ⅵ）的效率最高，36 h 还原 Cr（Ⅵ）
的效率分别为 98.47% 和 95.54%，而当 pH 为 7 时，48 h 能还原 94.78%。Ylb10
菌株 Cr（Ⅵ）还原最适的 pH 范围为 8～9。弱碱性条件下，更有利于 Ylb10 菌还
原 Cr（Ⅵ）。

（9）Ylb10菌株生长曲线测定

将Ylb10菌株接种到LB液体培养基中，得到其生长曲线（图3-22）。Ylb10在LB液体培养基中，具有较长的对数生长期，这也便于ARTP诱变时菌悬液的制备。

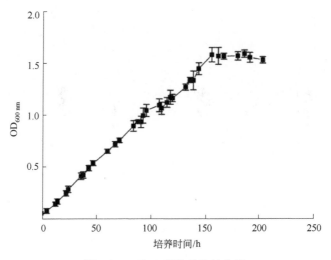

图3-22　Ylb10菌株的生长曲线

（10）ARTP诱变菌株的筛选

从原始菌株Ylb10出发，经过ARTP诱变120 s，筛选出十个诱变菌株A5、B5、B7、B9、L1、L2、J1、J2、A6、J5，对这十个诱变菌株0 d、3 d、6 d的$OD_{600\,nm}$及还原Cr（Ⅵ）能力进行检测，结果如图3-23和图3-24所示。诱变菌株A5、

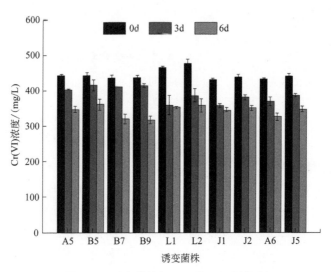

图3-23　诱变菌株的Cr（Ⅵ）还原能力

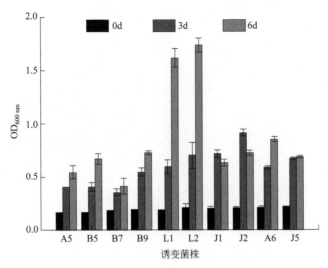

图 3-24 诱变菌株的生长变化情况

B5、B7、B9、L1、L2、J1、J2、A6、J5 的 Cr（Ⅵ）还原率分别为：21.31%、18.40%、26.30%、27.06%、21.02%、24.89%、19.91%、20.06%、24.52%、21.32%。B7、B9 的 Cr（Ⅵ）还原能力相对其他诱变菌株较高。

这十个 ARTP 诱变菌株的生长能力都有较明显的增长，L1、L2 诱变菌株，在诱变的菌株中生物量增长最明显。诱变菌株 A5、B5、B7、B9、L1、L2、J1、J2、A6、J5 的生物量增长值分别为：0.384、0.507、0.237、0.542、1.429、1.522、0.431、0.516、0.638、0.472。由此可见，L1、L2 诱变菌株具有很高的耐受 Cr（Ⅵ）的能力。Li 等通过 ARTP 筛选获得一个稳定的突变体，可以将 AP-3 的产量提高到242.9 mg/L，与原始菌株相比增加了 22.5%。AP-3 是一种抗生素，具有很高的抗肿瘤活性。朱晓丽等通过常温等离子体诱变技术，筛选得到一株可以耐受100 mg/L Cd^{2+} 的诱变菌株 WK 2-5-2，菌数达到 4.12×10^7 CFU/mL，与原始菌株相比，数量增加了约 100 倍。通过 ARTP 诱变，龚大春课题组得到了耐受 Cr（Ⅵ）浓度为 450 mg/L 的诱变菌株，高于文献报道水平。

从 L1、L2 中，筛选一株 Cr（Ⅵ）耐受能力有明显提升的诱变单菌，并对诱变单菌的 Cr（Ⅵ）还原能力进行研究。

（11）单菌 Cr（Ⅵ）还原能力

从库中分别筛选了 6 株菌株：L1-3、L1-5、L1-15、L2-7、L2-9、L2-15，分别在 0 h 和 72 h 对 Cr（Ⅵ）浓度进行检测，得到结果（图 3-25）。L1-3，L1-5，L1-15，L2-7，L2-9，L2-15 菌株在 72 h，对 300 mg/L 的 Cr（Ⅵ）的还原率分别为：19.3%、12.3%、8.2%、17.3%、6.1%、8.3%。结果显示，诱变菌株 L1-3 的 Cr（Ⅵ）还原能力较强。

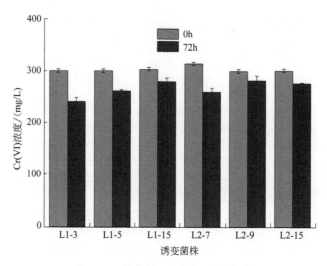

图 3-25 单菌的 Cr（Ⅵ）还原能力

与原始菌株 Ylb10 相比，在 300 mg/L 的 Cr（Ⅵ）的还原能力有较大的提升，原始菌株 Ylb10 在 72 h 仅还原 0.40%，还原 Cr（Ⅵ）的能力可忽略，而诱变菌株 L1-3 的 72 h，可以还原 19.3%。

（12）单菌耐受 Cr（Ⅵ）的生长能力

单菌 L1-3、L1-5、L1-15、L2-7、L2-9、L2-15 在 300 mg/L Cr（Ⅵ）的 $OD_{600\,nm}$ 的变化如图 3-26 所示。L1-3、L1-5、L1-15、L2-7、L2-9、L2-15 的生物量增加值分别为 0.263、0.067、0.141、0.13、0.178、0.233。诱变单菌 L1-3 的生物增长量最高，可见，诱变菌株 L1-3 具有较好的耐受 Cr（Ⅵ）的生长能力。

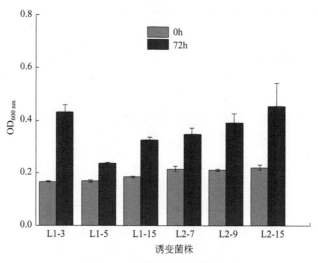

图 3-26 单菌的生长变化情况

（13）L1-3 的菌落形态

诱变菌株 L1-3 的菌落形态如图 3-27 所示。L1-3 可以在含有 300 mg/L Cr（Ⅵ）的 LB 固体培养基上生长，与原始菌株 Ylb10 相比，菌落稍大，L1-3 菌落形态为圆形，白色，边缘规则。

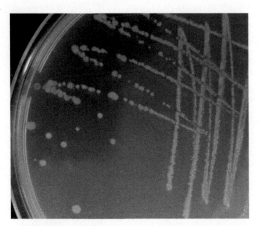

图 3-27　诱变菌株 L1-3 在含 Cr（Ⅵ）的 LB 培养基上的生长形态

（14）原始菌株 Ylb10 与诱变菌株 L1-3 的 Cr（Ⅵ）还原能力比较

在 400 mg/L 的 Cr（Ⅵ）浓度时，原始菌株 Ylb10 及诱变菌株 L1-3 的 Cr（Ⅵ）还原能力，如图 3-28 所示，Ylb10 菌 72 h Cr（Ⅵ）还原率仅为 0.16%，而 L1-3 菌 72 h Cr（Ⅵ）还原率为 17.72%。诱变后的菌株还原 Cr（Ⅵ）的能力有明显提高，有利于 Cr（Ⅵ）还原菌株在修复 Cr（Ⅵ）污染方面的应用。

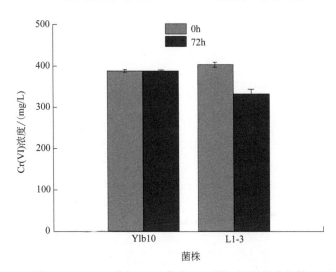

图 3-28　Ylb10 菌与 L1-3 菌的 Cr（Ⅵ）还原能力比较

在 400 mg/L 的 Cr（Ⅵ）浓度时，原始菌株 Ylb10 及诱变菌株 L1-3 的生物量变化，如图 3-29 所示。经过 72 h，原始菌株 Ylb10 的生物量从 0.195 下降到 0.108，高浓度的 Cr（Ⅵ）严重抑制了菌株的生长，菌株逐渐衰亡；而诱变菌株 L1-3，经过 72 h，生物量增长量为 0.778。说明，经过 ARTP 诱变，菌株耐受 Cr（Ⅵ）的能力得到了改善，可以在较高的 Cr（Ⅵ）浓度下生长。

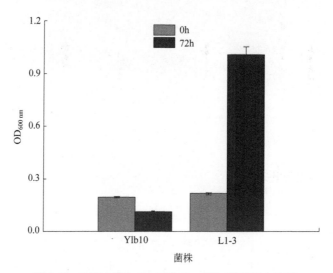

图 3-29　Ylb10 菌与 L1-3 菌 Cr（Ⅵ）耐受能力比较

通过对 L1、L2 进行梯度稀释，平板涂布，得到诱变单菌 L1-3、L1-5、L1-15、L2-7、L2-9、L2-15，共 6 株单菌，对其进行 Cr（Ⅵ）还原能力及 Cr（Ⅵ）耐受能力实验，结果表明，诱变菌株 L1-3 具有较好的 Cr（Ⅵ）还原能力。72 h 可以将 300 mg/L 的 Cr（Ⅵ）还原 19.3%。诱变菌株 L1-3 也具有较好的耐受 Cr（Ⅵ）的能力。

3.3　溶磷菌

3.3.1　概述

我国约有 74% 的耕地土壤缺乏有效磷，并且土壤中 95% 以上的磷以无效态形式存在于土壤中，植物很难吸收利用，这成为限制农业发展的一项重大问题。所以在现代农业发展中会施加磷肥来提高土壤中的磷含量，但是磷肥利用率很低，磷肥的当季利用率一般只有 10%～20%，施入的磷肥中大部分可溶性磷被土壤中的钙、铁、铝等固定并转化成难溶性磷，不能被植物吸收利用。由于长期施用磷肥，大多数农田土壤中潜在的磷含量很大，而可供作物生长发育的磷量却很小，土壤中 95%～99%的磷都是以植物无法利用的无效磷形式存在，从而限制了植物的吸收，降低了磷肥的利用效率。因此，提高土壤中的积累磷源的利用效率成为农业研究的重要课题。

溶磷菌微生物是一类可以将土壤中的难溶磷转化为植物可以吸收利用的有效磷的功能微生物类群。溶磷微生物不仅可以提高植物对磷的利用率，还能改善植物根部的营养吸收情况，提高作物产量。因此，溶磷微生物肥料可以作为传统磷肥的一个良好替代品，它不仅可以释放磷元素供植物生长所需，维持土壤生态系统的长期平衡，还能改良盐碱地和发挥土壤的生态肥力，这对于缓解磷资源短缺、减少化学肥料污染、发展可持续的农业耕作模式具有重大意义。

3.3.2 溶磷菌种类

溶磷微生物的种类繁多，可分为细菌、真菌、放线菌三种。按溶磷微生物分解的底物不同，还可分为有机磷微生物和无机磷微生物，有机磷微生物指能够矿化有机磷化合物的微生物，无机磷微生物指能够将植物难吸收利用的无机磷转化为可吸收的可溶性磷的微生物。目前，已经报道的溶磷菌属类多达 20种（表 3-12），其中以细菌和真菌研究较多。溶磷细菌主要包括固氮菌属、沙门氏菌属、假单胞菌属、芽孢杆菌属、埃希氏菌属、根瘤菌属、黄杆菌属、欧文氏菌属、肠杆菌属等，溶磷真菌主要有青霉菌属、根霉属、镰刀菌属、曲霉菌属、小菌核菌属等。放线菌的研究较少，主要有链霉菌属和 AM 菌根菌属，目前研究层次集中于新菌的筛选。采用常温常压等离子诱变技术（ARTP）对自然界分离得到的溶磷菌进行诱变，筛选溶菌能力强的菌株，用于生物肥料的制备。

表 3-12 主要溶磷微生物类型

微生物类别	主要微生物
细菌	肠杆菌（Enterbacter）、芽孢杆菌（Bacilius）、沙雷氏菌（Serratia）、产碱菌（Alcaligenes）、微球菌（Micrococcus）、假单胞杆菌（Pseudomonas）、土壤杆菌（Agrobacterium）、根瘤菌（Bradyrhizobium）、沙门氏菌（Salmonella）、黄杆菌（Flavobacterium）、埃希氏菌（Escherichia）、欧文氏菌（Erwinia）、硫杆菌（Thiobacillus）、色杆菌（Clromobacterium）、固氮菌（Azotobacter）、节细菌（Arthrobacter）
真菌	青霉菌（Penicillium）、根霉（Rhizopus）、小菌核菌（Sclerotium）、曲霉菌（Aspergillus）、镰刀菌（Fusarium）
放线菌	链霉菌（Streptomyces）、AM 菌根菌

3.3.3　溶磷菌数量及生态分布

　　土壤溶磷微生物种类繁多，生态环境、土壤类型、作物根际等条件差异均会导致溶磷微生物的分布不同。李忠佩等对我国旱地土壤中的溶磷微生物进行了研究，发现在东北黑钙土中假单胞菌和芽孢杆菌数量较多，溶磷微生物数量明显高于瓦碱土，而我国亚热带地区黄棕壤和红壤中溶磷微生物的种类较多。林启美等在调查林地、草地、田地和菜地4中不同生态系统的溶磷微生物分布时，发现菜地中的有机磷细菌数量最高，是其他三种的10倍，田地中的溶磷微生物数量最少。周健平等对湖北清江的喀斯特洞穴进行研究，在洞穴岩壁风化物中检测到6种溶磷细菌和3种溶磷真菌，真菌中青霉菌属的含量较高，平均相对丰度为7%。春雪等以大兴安岭重度火烧迹地恢复后土壤为研究对象，发现各林地土壤主要溶磷细菌均为慢生根瘤菌属、链霉菌属、伯克霍尔德菌属和芽孢杆菌属，樟子松人工林和落叶松人工林土壤溶磷细菌丰度明显高于次生林和天然次生林。贾丽娟等对内蒙古荒漠生物土壤结皮进行研究时，发现结皮层中解植酸磷细菌的丰度和多样性随结皮层种类的不同有很大差异。

　　溶磷微生物的分布也表现出强烈的根际效应，即根际土壤中溶磷微生物的数量显著高于非根际土壤。溶磷细菌的丰度可能受根系分泌物数量的影响较大，其群落结构可能受根系分泌物类型的调控。1957年Sperber首次发现植被根际溶磷微生物的数量要远大于周围土壤，并且不同土壤中溶磷微生物的数量差异较大。Katznelson等在对小麦根圈溶磷细菌的研究中发现，根际土壤中的溶磷微生物含量比非根际土壤环境中溶磷微生物含量高出十几倍。此后，溶磷微生物生存具有根际趋向的现象被广泛报道，即根际微域环境影响植被根际溶磷微生物的分布、种类、数量及其与根际环境间相互关系。于翠等研究发现在大青叶和甜樱桃砧木的根际与非根际环境中，溶磷细菌种类表现为根际土壤显著高于非根际土壤，且种类差异较大。马骢毓在研究石羊河流域退耕区次生草地土壤微生物时，发现黑果枸杞根际的溶磷微生物数量最多，根内的微生物数量最少，筛选到的溶磷微生物均表现出显著的根际效应，即根际表面>根表土壤>根内。

3.3.4　溶磷菌筛选

　　（1）初筛

　　龚大春课题组利用磷酸三钙无机磷固体培养基从磷矿土和木瓜根际土壤中筛选到具有溶磷圈的42株菌。将这42株菌纯化培养后，继续接种于磷酸三钙无机磷平板，得到具有明显溶磷圈的菌株22株，其他菌株溶磷圈不明显。在这22株菌当中进一步挑选出10株具有稳定透明圈的菌株。7 d后观察测定溶磷圈直径与菌落直径，并计算溶磷圈直径/菌落直径。如表 3-13 所示。

表 3-13　不同菌株在磷酸三钙平板中的解磷情况

菌株号	溶磷圈直径（D）/cm	菌落直径（d）/cm	D/d
1-6	0.50 ± 0.08	0.49 ±0.04	1.02 ±0.067
1-7	0.32 ± 0.02	0.31 ± 0.03	1.03 ±0.053
1-8	0.35 ± 0.09	0.35 ± 0.01	1.01 ±0.075
2-1	0.59 ± 0.03	0.51 ± 0.09	1.16 ±0.027
3-1	0.78 ± 0.04	0.64 ± 0.07	1.22 ±0.042
3-3	0.77 ± 0.07	0.72 ± 0.04	1.07 ±0.067
4-2	0.59 ± 0.04	0.57 ± 0.03	1.04 ±0.075
5-4	0.44 ± 0.06	0.43 ±0.04	1.02 ±0.026
6-1	2.51 ± 0.02	1.68 ±0.06	1.49 ± 0.082
M2	0.41 ± 0.03	0.32 ±0.02	1.27 ± 0.054

（2）复筛

通过摇瓶复筛（图 3-30）发现有 2 株菌 6-1 和 M2 对无机磷磷酸三钙的分解能力强于其他菌株，解磷量均达到 60 mg/L 以上，6-1 的解磷量最高，超过 80 mg/L；3-1 和 2-1 对磷酸三钙的分解能力也较强，3-1 和 2-1 在第 3 天时解磷量超过 50 mg/L，3-3 在第 5 天时解磷量超过 40 mg/L，所以 3-1、2-1 和 3-3 也具有较强的解磷能力；其他菌株对磷酸三钙也具有一定的分解能力，但是弱于这 5 株菌。通过以上分析得出，初筛得到的 10 株菌中 2-1、3-1、3-3、6-1、M2 对磷酸三钙的分解能力较强，而 6-1 解磷效果最佳。

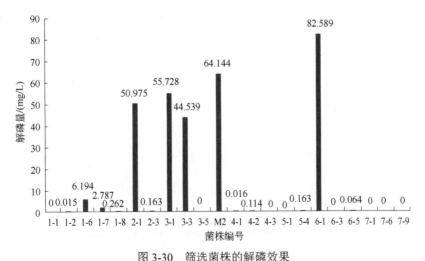

图 3-30　筛选菌株的解磷效果

（3）菌株 7d 内定量检测结果

由图 3-31 可以看出，在发酵液中，4 株菌的解磷量都随时间增长而增高，

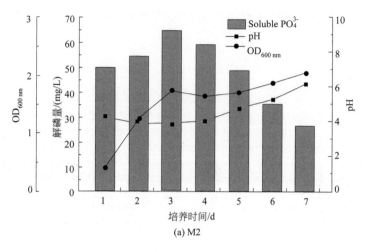

(a) M2

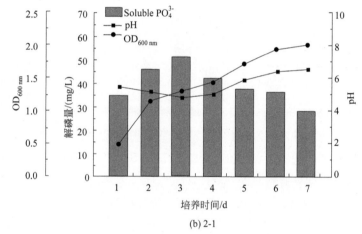

(b) 2-1

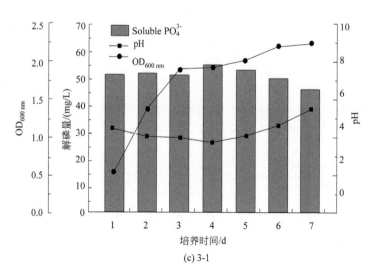

(c) 3-1

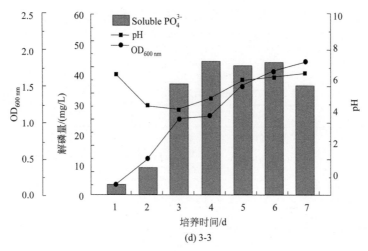

图 3-31　菌株 7 d 内有效磷含量和 pH 变化

M2、2-1 都在第三天时达到解磷最大值，之后有所下降；3-1、3-3 在第 4 d 达到最大值，之后又小幅度下降，3-1 解磷效果比较稳定；菌株的 $OD_{600\,nm}$ 从低到高也慢慢趋于稳定；随着培养时间的增加，发酵液 pH 都呈现先降低后增长的趋势，这与解磷过程中分泌的小分子有机酸密切相关。

（4）解磷菌对三种难溶性磷源的分解能力

除磷酸三钙外，选择 3 种难溶性磷酸盐作为 5 株菌发酵的磷源，通过分析发酵后培养液中的可溶性磷增量来掌握菌株的解磷能力。

表 3-14 可知，5 株菌对 3 种难溶性磷源都具有分解能力，但是对不同磷源的分解能力差异较大，3-3 对磷酸铁的分解能力最强，达到 47.21 mg/L，M2 对磷酸铝的分解能力最强，达到 49.59 mg/L。从磷源成分上看，5 株菌对难溶性无机磷的分解能力远远强于对难溶性有机磷的分解能力。

表 3-14　菌株对三种不同磷源的分解能力

菌株号	磷酸铁含量/(mg/L)	磷酸铝含量/(mg/L)	卵磷脂含量/(mg/L)
2-1	3.50	22.06	5.53
3-1	41.97	27.41	2.16
3-3	47.21	33.50	4.29
6-1	38.10	40.08	1.47
M2	25.63	49.59	4.34

（5）解磷菌株鉴定

通过 16S rRNA 和 18S rRNA 基因序列分析，能够确定 5 株菌主要属于 5 个菌属，分别是芽孢杆菌属、曲霉属、节杆菌属、根瘤菌属和肠杆菌属。M2 属于史氏芽孢杆菌，6-1 属于黑曲霉，2-1 属于根瘤菌属，3-3 属于米节杆菌，3-1 属于肠杆菌属（表 3-15）。

表 3-15   解磷菌基因序列的 BLAST 检索结果

菌株号	片段长度/bp	编号	相似种属	相似性/%	鉴定属
2-1	1379	SWKG01000002.1	*Rhizobium pusense*	99.7	*Rhizobium* sp.
3-3	1122	RBIR01000018.1	*Arthrobacter oryzae*	98.73	*Arthrobacter* sp.
6-1	577	MT620753.1	*Aspergillus niger*	100	*Aspergillus* sp.
M2	1454	CP012024.1	*Bacillus smithii*	99.79	*Bacillus* sp.
3-1	1401	KY829260.1	*Enterobacter ludwigii*	99.79	*Enterobacter* sp.

3.3.5   溶磷能力的测定方法

测定微生物是否具有溶磷能力的方法一般有 3 种，即固体培养法、液体培养法和沙土培养法。固体培养法是将可能有溶磷能力的菌株接种到含难溶性磷的固体培养基上培养，根据菌落周围出现的透明圈大小来判断微生物的溶磷能力。液体培养法是将可能具有溶磷能力的菌株接入含难溶性磷盐的液体培养基中培养，同时将不含溶磷微生物的液体培养基作为对照组，通过采用钼锑抗比色法测定可溶性磷含量来判断溶磷能力。沙土培养法是在沙子或土壤中接种可能具有溶磷能力的菌株，培养一段时间后，测定沙子或土壤中的有效磷含量。

将微生物分解的磷浸提出来并测定有很多种方法。通常用液体培养离心分离出微生物细胞和液体中未分解的难溶性磷后，测定上清液中可溶性磷含量。但是微生物在生长繁殖的时候，不仅分解一些难溶性磷盐，而且自身可以同化一部分分解出来的磷，所以微生物的生物量磷也应该算在分解的磷量中。

3.3.6   溶磷机理研究

溶磷微生物种类繁多，不同溶磷微生物的溶磷方式有所差异，造成了溶磷机制的多样性和复杂性。解磷菌在生长过程中向外分泌各种小分子酸类物质、多糖、酶等分解难溶性磷，而解磷菌向外分泌这些物质的多少，受解磷菌与环境条件互作的影响，如温度、土壤含水量、不同的碳、氮、磷等营养供给等，环境条件在影响解磷菌分泌物的同时，也受解磷菌分泌物的影响而有所改变。随着近些年的研究发现，磷溶解的主要机制包括有机酸的产生、氢质子的释放、生物矿化作用等。

（1）有机酸的产生

分泌低分子量的有机酸是溶磷微生物溶解土壤中难溶性磷的主要作用机制。绝大部分溶磷微生物都是通过分泌有机酸来溶解无机磷。有机酸的分泌过程是由特定的酶通过催化完成的。例如，葡萄糖酸的形成是在葡萄糖脱氢酶（GDH）的作用下，葡萄糖被催化为葡萄糖酸，微生物将葡萄糖酸释放于土壤中，土壤的 pH 降低，难溶性磷酸盐被溶解。微生物分泌出的有机酸主要包括乳酸、乙酸、草酸、琥珀酸、苹果酸、酒石酸、葡萄糖酸和富马酸等，这些酸既能降低土壤的 pH，又能与铁、镁、铝、钙等离子发生络合反应，释放与之结合的磷酸根离子，此时酸解离出的 H^+ 与土壤中的 PO_4^{3-} 结合形成含 $H_2PO_4^-$ 和 HPO_4^{2-} 的盐，供植物吸收利用。林启美等研究发现，细菌与真菌分泌有机酸的种类差异较大，并且真菌分泌的种类更复杂。有机酸的产生受到环境影响，同种菌株因生长条件的差异会导致产生的有机酸不同。范丙全等对草酸青霉菌的研究发现，溶磷菌利用氮源形态的差异会导致分泌的有机酸的种类也不同。赵小蓉等研究表明，微生物的溶磷水平和培养基的酸碱度虽然存在一定相关性，但微生物的溶磷效应并不是一定与酸性条件有关，同时，有机酸对不同的难溶性磷盐的溶解能力也有差异。微生物释放的无机酸（如硫酸、硝酸和碳酸）以及螯合物在微生物溶解无机磷的过程中也起重要作用，但相比有机酸，其产生的作用并不明显。

（2）氢质子的释放

K. Illmer 在对橘灰青霉、黑曲霉和假单胞菌属进行研究时发现，黑曲霉溶解 $AlPO_4$ 时产生草酸盐、柠檬酸盐和葡萄糖酸盐，而橘灰青霉和假单胞菌并未检测到任何有机酸，表明溶解难溶性磷盐的方式并不仅限于分泌有机酸这一种。橘灰青霉通过吸收阳离子置换出的 H^+ 使磷酸根离子释放。Asea 等发现某些青霉菌在只有 NH_4^+ 存在时，才具有解无机磷酸盐的能力，溶磷微生物在同化 NH_4^+ 时，利用 ATP 转化产生的能量，通过质子泵将等量的 H^+ 泵到细胞膜外，使介质 pH 下降，从而将不可溶解的无机磷溶解。

（3）生物矿化作用

土壤中有机磷的组成较为复杂，其中，肌醇磷酸酯的含量最高，占有机磷总量的 50%，磷脂占约 1%～5%，核酸类有机磷占 10% 以下，微生物量磷占约 3%。有机磷的溶解称为有机磷矿化。微生物分泌的磷酸酶、植酸酶和核酸酶，能对磷脂等有机磷进行降解。土壤中的磷酸酶主要通过植物根系和土壤中的微生物分泌。磷酸酶是一种诱导酶，当土壤中的有效磷成为限制土壤微生物繁殖和植物生长的主要因素时，微生物胞内诱导产生磷酸酶并且分泌到胞外，将有机磷分解为无机磷，为植物生长和微生物繁殖提供磷源。根据酶的最适 pH，磷酸酶可分为酸性磷酸酶和碱性磷酸酶。酸性磷酸酶主要存在于酸性土壤中，碱性磷酸酶存在于中性和碱性的土壤中。酸性磷酸酶通过分解有机质的磷酯键和磷酐键而释放磷。碱性磷酸酶主要存在于丛枝菌根（*Arbusular Mycorrhizae*，AM）中，是 AM 菌的一种特异酶，是反映其代谢活性的指标之一。冯海艳对 AM 菌的研究表明，AM 菌中的碱性磷酸酶对玉米有明显的促生作用。植酸酶也是一种特异性酶，被 K.Suzuki 在玉米糠叶中首次发现，之后在动物和微生物中也发现其存在。微生物分泌的植酸酶能快速降解植酸盐，并释放出磷。植酸酶主要有四种：组氨酸植酸酶、半胱氨酸植酸酶、紫色酸性植酸酶和 β-螺旋桨植酸酶。其中，β-螺旋桨植酸酶在自然界广泛分布，在土壤和水体的植酸磷循环中扮演了重要角色。

（4）其他溶磷机制

除了上述溶磷机制外，溶磷微生物还存在其他机制，对土壤难溶性磷溶解进行补充。例如，一些溶磷过程是动态的分段过程，杜春梅等在对四株侧孢芽孢杆菌溶磷能力的研究时发现过程中出现 2～3 个高峰，培养基的 pH 也相应地变化了 2～3 次。一些学者研究发现，硫杆菌释放 H_2S 与土壤中的磷酸铁产生化学反应，生成硫酸亚铁和可溶性磷酸盐；微生物通过呼吸作用产生 CO_2，降低土壤的 pH，从而导致难溶性盐被溶解；有些研究认为，微生物腐解动植物残体，能产生胡敏酸、富马酸等多元酚有机物，能够络合土壤中的钙离子，并释放磷酸根离子。此外，微生物腐解产生的腐殖酸也能与复合磷酸盐中的铁、铝络合，从而释放出可溶磷酸盐，被植物吸收利用。

3.3.7　溶磷菌应用

（1）溶磷微生物对作物的促生作用

溶磷微生物不仅可以溶解土壤中的难溶性或不溶性磷，而且能改善土壤中的磷营养，促进植物生长发育。溶磷微生物对作物的促生作用表现在多个方面。首先，溶磷微生物对作物的根系具有显著促生作用。郜春花等用溶磷菌处理玉米、小麦和青菜根系，发现与对照组相比，主根长和根系鲜重分别增加了 29.8%～16.3%和 58.3%～62.5%。其次，溶磷微生物对作物的叶片、果实和植株都有一定促生作用。吕德国等在研究本溪山樱根部溶磷细菌对植株生长发育的影响时发现，接种了芽孢杆菌和假单胞菌的组与空白组相比，其叶片叶绿素含量更高，净光合速率更快，根系更加发达，并且他提出在作物生长前期加入溶磷菌，肥效会更强。郝晶等将不同的溶磷微生物用于豌豆种植，发现豌豆产量明显增高，且不同属种的溶磷微生物的促生效果不同，溶磷真菌的效果最强。梁艳琼等研究了溶磷真菌对西红柿、西瓜和黄瓜这 3 种作物的促生作用，发现溶磷微生物可以通过促进植物吸收营养物质促进作物生长。不仅如此，溶磷微生物还可以促进作物对微量元素的吸收利用。有研究表明，溶磷菌在大豆根部作用，将大豆体内 N、P、K、S、Mg、Fe、Mn、Zn、Cu 的含量分别提高了 157%、383%、155%、183%、266%、134%、101%、63% 和 208%。

此外，溶磷微生物对作物的生长还有其他帮助。朱斌等从玉米根际土壤中筛选出一株溶多种难溶性磷盐的菌株，发现该菌株可以提高作物的抗逆性。张健等在进行溶磷微生物对油菜影响的研究时发现，溶磷微生物不仅能够提高油菜产量，还能提高油菜中氨基酸和维生素 C 含量，提高了作物品质。王琦琦等从新疆木碱蓬根际共分离出一株耐重金属的解钾溶磷细菌，实验表明其具有提高水杉苗木叶绿素相对含量的能力。刘微等使用溶磷微生物对大豆进行处理，发现其对大豆根瘤的形成有明显影响，可以提高大豆植株的生物量和氮磷含量。此外，溶磷菌在成为根际优势种群后，能限制其他病原菌的生长，保持作物根系健康。

（2）溶磷菌肥的生产应用

溶磷微生物肥料是由土壤中筛选的高效溶磷菌制成的生物有机肥、微生物磷肥或者直接施入土壤的菌剂。目前生产工艺主要为液体发酵、固体吸附技术，产品有液体菌剂、粉状及固体颗粒。最早的商品化的溶磷微生物菌肥是苏联科研工作者筛选出的一株巨大芽孢杆菌，并在苏联和东欧各国得到了广泛应用。施加溶磷菌肥能促进作物的生长发育、提高经济收益、改善土壤环境、提升其内在品质以及抑制病原微生物的生长。张爱民等在溶磷菌肥应用中发现，只要每亩（1 亩≈666.67 m^2）地施加 0.5 kg 菌剂，就可以减少一半的基础化肥用量，并且可以增加烟草收益。Kaur 等将两株溶磷菌接种于不同农业气候区的土壤中，结果显示接种区种植的玉米和小麦的产量和磷吸收量显著上升，土壤中有机碳含量、可溶磷含量和酶活均显著提高，大大增加了土壤肥力。Istina 等从印尼泥炭土中分离出 8 株溶磷细菌和 9 株溶磷真菌，将 1 株溶磷细菌和 1 株溶磷真菌分别接种于油棕榈根部，二者均促进了作物生长，并增加了磷吸收量。李娟等发现在未添加外源磷肥的情况下施用溶磷菌剂能起到促进油菜的生长、提高油菜的生物产量的作用。同时，溶磷菌肥还具有改善土壤酸化的能力。

3.3.8 溶磷菌研究趋势

1950 年，K.Menkina 在对芽孢杆菌和沙雷氏菌进行研究时，发现其属的部分细菌具有溶解磷酸三钙的能力，自此之后，溶磷微生物成为微生物学中一个重要分支。在溶磷微生物得到证实及新型培养基出现之后，溶磷微生物的筛选、鉴定进入了快速发展阶段，在此阶段，大量种属的细菌、真菌、放线菌被报道具有溶磷能力，而根际效应的发现，更是为溶磷微生物的筛选与溶磷机理的摸索提供了方向。于翠等研究发现在大青叶和甜樱桃砧木的根际与非根际环境中，根际土壤溶磷细菌种类显著多于非根际土壤；J.Katznelson 等在对小麦根圈溶磷细菌的研究中发现，根际土中的溶磷微生物含量比非根际土环境中溶磷微生物含量高出十几倍。随后人们开始对溶磷机理和促生作用进行研究，K. Suzuki 在玉米糠叶中首次发现植酸酶，随后在动物和微生物中也发现其存在。微生物分泌的植酸酶能快速降解植酸盐，并释放出磷。Sarkar 筛选出的溶磷菌株使水稻株高、单株分蘖数和体内矿质营养含量均显著增加。虽然溶磷微生物具有优良的溶磷作用，但是目前对溶磷菌的研究及应用不足，主要集中在溶磷能力鉴定、溶磷机理、促生效应和微生物肥料四个方面，未来重点攻克的方向应该在土壤定殖情况、田间效果检验和大田应用三个方面。

3.4　哈茨木霉

木霉菌具有广泛适应性、抗菌广谱性、拮抗机制多样性等优点，可以防治疫霉病、纹枯病、立枯病等多种植物病害。该菌在我国菌剂安全目录中属于第二类，在应用产品生产前要进行急性毒性（LD_{50}）试验。

M.Weidling 等于 1932 年发现了木霉菌的生防功能。研究人员对木霉菌的生防功能进行了深入的研究并认为木霉菌的生防机制主要有以下几个方面：竞争作用、重寄生作用、协同拮抗作用、抗生作用、溶菌作用和诱导抗性等。

哈茨木霉菌是一种应用于生物防治的适用范围广、可有效抑制植物和土壤病原菌的有益微生物真菌。多种具有根系的作物都可以使用该菌，而且该菌适应性强，在高温高湿的环境条件下、在高盐渍化的碱性土壤中都能使用。其主要优点有：

①可以杀灭的有害病菌种类繁多，更加广谱，更加高效。

②相较于传统农药，哈茨木霉菌以菌抑菌，不伤苗，不伤叶，不伤花蕾和果面，而且对病害没有抗性，可能减少农药的使用量，安全环保，更符合绿色有机的生产要求。

③微生物菌剂持效期大多较长，可以达到 3 个月以上，哈茨木霉菌也不例外。药效持久，使用频率可适当减少，自然能够省下大笔用药成本。对于大部分果农来说，性价比还是非常高的。

④ 可以疏松土壤，改良土壤生态环境，防止土壤板结及土传病害的发生，为根系生长营造更加良好的环境条件，从而促进作物对养分的吸收利用，提高抗逆能力，实现增产增收。

3.4.1 作用方式

在植物根围生长并形成"保护罩"，以防止根部病原真菌的侵染。能分泌酶及抗生素类物质，分解病原真菌的细胞壁。

3.4.2 作用机制

竞争作用：哈茨木霉菌 T-22 在植物的根围、叶围可以迅速生长，抢占植物体表面的位点，形成一个保护罩，就像给植物穿上靴子一样，阻止病原真菌接触到植物根系及叶片表面，以此来保护植物根部、叶部免受上述病原菌的侵染，并保证植株能够健康地成长。

重寄生作用：重寄生作用是指对病原菌的识别、接触、缠绕、穿透和寄生一系列连续步骤的复杂过程。在木霉与病原菌互作的过程中，寄主菌丝分泌一些物质使木霉趋向寄主真菌生长，一旦寄主被木霉寄生物所识别，就会建立寄生关系。木霉对寄主真菌识别后，木霉菌丝沿寄主菌丝平行生长和螺旋状缠绕生长，并产生附着胞状分枝，吸附于寄主菌丝上，通过分泌胞外酶溶解细胞壁，穿透寄主菌丝，吸取营养，进而将病原菌杀死。

抗生素作用：哈茨木霉菌可以分泌一部分抗生素，可以抑制病原菌的生长定殖，减轻病原菌的危害。

植物生长调节作用：木霉菌在植物根系定殖并且产生刺激植物生长和诱导植物防御反应的化合物，改善根系的微环境，增强植物的长势和抗病能力，提高作物的产量和收益。

3.5 内生真菌枫香拟点茎霉

内生真菌枫香拟点茎霉是一种广谱内生真菌，多位学者研究表明该菌具有许多特殊功能。南京师范大学戴传超教授团队对内生真菌枫香拟点茎霉进行了系统研究。如果把该菌应用于生物有机肥中，对土壤改良和作物的生长将具有重要的作用。

3.5.1 促进作物生长

（1）与作物共生促进养分吸收

2009年李霞等报道内生真菌枫香拟点茎霉通过增加水稻的分蘖数，维持光合作用，对氮肥的施用量有部分替代作用。水稻接种内生真菌B3后，根部和地上部分的生物量及产量显著增加。花生接种内生真菌枫香拟点茎霉后，根长、根干重、侧根数量、株高、荚果产量、分枝数等有显著的增加。杨波等发现内生真菌枫香拟点茎霉B3侵染水稻能够显著改变水稻植株氮积累和氮代谢，涉及了初级同化和基础代谢，因为内生真菌枫香拟点茎霉B3侵染的水稻，总氮、游离NH_4^+、游离NO_3^-、游离氨基酸、可溶性蛋白含量都显著增加，而且水稻氮代谢关键酶——硝酸还原酶和谷氨酰胺合成酶活性也明显增加。

（2）对土壤中有机氮转化有激发效应

研究表明内生真菌枫香拟点茎霉B3通过体外激发生物有机矿化作用，促进氨态氮释放。在低氮含量下水稻根际土中可利用的硝酸盐和铵盐浓度明显增加，内生真菌枫香拟点茎霉B3提高了硝化速率，增加了低氮含量条件下苗期和分蘖期稻田土中AOA、AOB、固氮菌的丰度。

（3）在一定程度上促进P和K的吸收

郝玉敏等研究发现施加内生真菌枫香拟点茎霉B3菌剂，有利于加速有机磷脱磷，提高土壤磷的有效性。谢星光等研究发现内生真菌B3的定殖有利于促进花生对N、P、K的吸收，缓解土壤连作障碍。

（4）特别有利于促进结瘤

研究表明枫香拟点茎霉不仅可以改善连作土壤中的微生物区系，还可以分泌漆酶，分解土壤中难降解的复杂有机物，促进土壤中碳氮循环。研究表明，花生连作障碍可以通过施加植物内生真菌促进花生结瘤和提高产量来缓解。除了分解木质素，内生真菌枫香拟点茎霉能有效降解土壤中对羟基苯甲酸、氮杂环吲哚、阿魏酸等。它不仅能改善土壤微生物区系和增加微生物生物量，也能增加土壤的酶活和相关酶基因的表达。更重要的是内生真菌枫香拟点茎霉能够在纯培养的条件下与慢生根瘤菌共接种促进花生结瘤。连作土壤的花生根瘤数显著少于非连作土壤中花生的根瘤数，而施加枫香拟点茎霉的生物肥料可以有效改善土壤微生物区系，克服连作缺点并提高了花生的结瘤数。

3.5.2 促进宿主抗病

内生真菌枫香拟点茎霉B3侵染水稻组织后，能定殖在有利的空间，并阻止了病原菌的进一步扩散。已报道，施加 B3 菌剂能有效调节水稻体内保护酶活性和根系活力，并且它对稻瘟病表现出一定的抗性。内生真菌枫香拟点茎霉 B3 对水稻的抗病性是多种因素协同作用的结果。其中主要是因为水稻叶片内 SOD 酶、POD 酶高效表达，水稻产生应激反应，提高自身在逆境中的抵抗能力。除了促进宿主抗病外，Siddikee 等发现接种内生真菌 B3 增加了 ACC 脱氨酶活性，提高了水稻的抗盐胁迫能力。另外，内生真菌枫香拟点茎霉 B3 菌剂与有机肥配施可以改善连作草莓土壤微生物区系，提高土壤酶活性，增强草莓抗病能力，增加草莓产量，是一种有效缓解草莓连作障碍的方法。接种内生真菌枫香拟点茎霉 B3 能有效控制连作花生土壤中的青枯雷尔氏菌和腐皮镰刀菌的土著病原菌数量，显著降低花生青枯病和根腐病的发病程度，从而缓解花生连作障碍，提高花生的产量和质量。

3.5.3　优化宿主土壤环境

内生真菌枫香拟点茎霉 B3 随宿主凋落物进入土壤，促进凋落物中纤维素、木质素降解；其分泌的漆酶，能有效减少酚酸的积累，增加土壤微生物多样性，最终达到修复连作土壤的目的。

（1）促进凋落物降解

凋落物一般是指自然界植物在生长发育过程中，所产生的新陈代谢产物，它作为物质和能量来源，维持生态系统功能持续稳定。在自然条件下，短时间完全降解叶片是非常困难的，而且随着凋落物的降解，存在于叶片组织内部的酚类物质会进入土壤。这类物质阻碍了种子萌发和生长，抑制代谢酶酶活，干扰生长素合成。M.Osono 等发现凋落物中部分内生真菌具有降解凋落物的作用；姜宝娟等报道内生真菌可降解纤维素并产油脂；Jiang 等从新鲜植物凋落物中分离培养出具有高效分解木质素能力的内生真菌，并证明此类内生真菌在新鲜凋落物中能降解凋落物。

（2）促进酚酸、吲哚降解

内生真菌枫香拟点茎霉 B3 能将 4-羟基苯甲酸、木犀草素、阿魏酸等酚酸类物质作为唯一碳源进行降解。陈晏等发现内生真菌 B3 能利用 4-羟基苯甲酸（4-HBA）作为唯一碳源生长，从而降解这些化学物质。王宏伟等报道当作为培养基中唯一碳源的木犀草素的浓度是 200 mg/L 时，内生真菌枫香拟点茎霉 B3 将木犀草素降解成咖啡酸和间苯三酚。谢星光等研究发现内生真菌枫香拟点茎霉 B3 能以阿魏酸作为唯一碳源生长，发现在无机盐培养基和土壤中，超过 97% 的阿魏酸在 48 h 内被降解。

3.6　解钾微生物

目前解钾微生物在农业上的应用主要集中在将其开发成微生物菌肥，用于改善土壤肥力、提高土壤速效钾的含量、促进作物生长、提高作物品质、增加作物产量等方面。从已有的研究来看，接种解钾菌对辣椒、水稻、小白菜、番茄等作物都具有很好的促生效果。如杨冬艳等采用田间根际追施的方法发现，单施解钾菌能显著降低拱棚连作土壤的盐分含量，增加土壤养分含量，促进辣椒生长和增产。陈易等采用灌根接种的方法发现，分离的具有解钾能力的环状芽孢杆菌对小白菜株高、总根长、植物营养等指标的影响都达到了施用钾肥的效果。

K. Bakhshandeh 等在盆栽和大田试验条件下将 3 株解钾菌分别接种于水稻根际发现，与对照组相比，处理组水稻的株高、茎粗、根长、叶面积和干质量都有不同程度的提高。Zhang 等在盆栽试验条件下将 4 株解钾菌分别接种于番茄根际后发现，处理组番茄对氮和钾的吸收能力明显高于对照组，并且将解钾菌和钾长石粉一起接种的处理组番茄干质量以及番茄对氮和钾的吸收能力均高于单独接种解钾菌的处理组。

除了能促进作物生长、提高作物品质和产量外，解钾微生物还能提高作物对病害、虫害、干旱、寒冷、盐分等的抵抗力。Jha 等认为解钾微生物能通过调节植物的生理状态，如通过提高植物的光合速率以及增加植物渗透调节蛋白脯氨酸、甜菜碱、可溶性糖的含量，降低植物体内脂质过氧化水平等途径，使植物缓解盐分胁迫。

解钾微生物能提高植物抗逆境的能力，主要原因有两个：一方面是由于解钾微生物提高了土壤中有效钾的含量，钾营养元素供应充足，使得植物在胁迫条件下具有较强的抵抗力；另一方面是由于有的解钾微生物除了能解钾外还具有一些其他的特性，如能产铁载体、产吲哚乙酸（IAA）、解磷、抑制病原微生物等，这也提高了作物抵抗外界不利因素的能力。另外，解钾菌在土壤中钾元素迁移过程具有积极影响，如尚海丽等发现解钾细菌 C6X 和玉米生长协同促进土壤中钾的释放和固定，促进土壤中钾元素上移。

虽然解钾微生物在农业生产上的应用历史悠久，但在实践应用中也存在很多尚未解决的问题。很多微生物钾肥在研发初期虽然呈现出较好的效果，但在大田大规模使用时，往往存在效果不稳定或者效能消失的现象。其主要原因如下：

① 菌株在繁殖传代过程中，解钾特性减弱甚至消失。

② 面对复杂的土壤环境和气候环境，解钾微生物应对能力不强，不能很好地

在作物根部进行定殖和扩繁。

③ 活菌有效期短，随着存贮时间延长，有效菌的数量逐步减少。

因此，要将解钾微生物更好地应用于农业生产，未来要做的核心工作仍然是确保制品中活微生物的高效性、稳定性、有效性。具体措施可以从以下几个方面入手：①利用基因工程技术，构建高效、稳定、适应能力强的工程菌株；②开发出合适的载体，采用包埋固定化技术，延长活菌的有效期；③根据土壤类型、作物品种、气候条件，有针对性地选用合适的菌株。解钾微生物能改善土壤肥力，提高作物产量和品质，提高作物抗病虫害、耐盐碱等能力，这对于钾元素缺乏土壤和盐渍土壤作物具有重大意义。微生物钾肥和其他微生物肥料一样均符合绿色农业、生态农业的发展需求，推广微生物肥料在农业上的应用是大势所趋，将解钾菌和固氮菌、解磷菌、菌根真菌等组合成复合微生物肥料是未来微生物肥料的发展方向，具有广阔的应用前景。

3.7 集固氮、解钾、溶磷和降解纤维素于一体的优势菌株开发

筛选集固氮、解钾、溶磷和降解纤维素于一体的优势菌株用于生物有机肥的生产可以有效降低生产成本，而规避不同微生物的相互抑制，是菌种研究和开发的重要策略。

3.7.1 特基拉芽孢杆菌的特殊功能

三峡大学龚大春课题组通过特殊选择性培养基筛选得到的特基拉芽孢杆菌比市场上常用的枯草芽孢杆菌等菌株固氮（表 3-16）和降解纤维素的能力更强（表 3-17）。

表 3-16 特基拉芽孢杆菌与其他菌的固氮、解磷和溶磷能力比较

编号	菌株	固氮能力	解磷能力	溶磷能力
S1	特基拉芽孢杆菌	+++	+++	–
S3	贝莱斯芽孢杆菌	+++	++	–
BT	苏云金芽孢杆菌	+++++	+	–
BS	枯草芽孢杆菌	–	+++	–
GC	左氏链霉菌	–	+	+

注："+"越多表示生长越快，"–"表示不生长。

表 3-17　特基拉芽孢杆菌与其他菌的纤维素分解能力的比较

编号	菌株种类	菌落直径 C/cm	透明圈直径 H/cm	H/C	酶活/(U/mL)
S1	特基拉芽孢杆菌	1.9	3.3	1.73	400
S2	特基拉芽孢杆菌	3.0	4.3	1.43	333
S3	贝莱斯芽孢杆菌	2.5	3.4	1.36	308
BS	枯草芽孢杆菌	1.1	1.5	1.36	233.3
BT	苏云金芽孢杆菌	1.4	2.3	1.64	267
GC	左氏链霉菌	1.2	1.85	1.54	380

3.7.2　特基拉芽孢杆菌在堆肥中的应用

龚大春课题组发明了一株特基拉芽孢杆菌 *Bacillus tequila* S1（CN 112625948 A），分离自生态良好的耕植土壤，具有较强的固氮能力，并具备一定的耐高温和降解纤维素的能力。该发明公开了特基拉芽孢杆菌 S1 在以酵母废液浓缩液和稻壳为原料的混合堆肥中的应用情况。将特基拉芽孢杆菌 S1 进行液体发酵，将发酵液接种至上述堆肥原料，在堆肥高温期其他氮源减少的情况下，特基拉芽孢杆菌 S1 可吸收空气中的氮气为氮源，弥补氮源的不足并促进堆肥原料中纤维素的降解，从而有效地缩短了堆肥周期，提高了堆肥产品的腐殖酸和总氮含量，最终达到提高堆肥效率和增加堆肥产品肥效的目的。

实验发现堆肥过程中实验组和对照组样品中的氨态氮和速效磷含量未显示出显著的差异（图 3-32）。说明接菌处理未能明显改变堆肥过程中氨态氮和速效磷的含量。

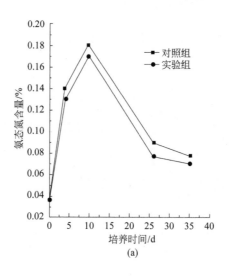

(a)

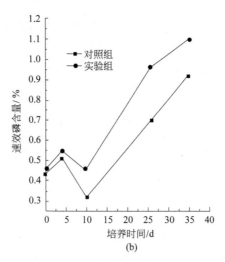

(b)

图 3-32　功能微生物特基拉芽孢杆菌作用下堆肥过程中氨基氮（a）和速效磷（b）的变化

堆肥过程中实验组和对照组样品中的有机质（TOC）含量呈现相似趋势，但可以看出实验组有机质含量整体上高于对照组（图 3-33）。堆体有机质含量与未降解的纤维素、木质素、残糖、蛋白质、堆肥产生的腐殖酸、甚至微生物菌体等多种成分有关。有机肥料质量标准 NY525—2012 规定有机肥料中有机质的质量分数≥45%，实验组堆肥产物达到此标准。

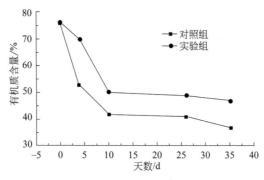

图 3-33　功能微生物特基拉芽孢杆菌作用下堆肥过程中 TOC 的变化

实验组和对照组堆肥结束后堆肥产物的主要指标参数检测结果（表 3-18）表明，实验组堆肥产物的有机质含量明显高于对照组，且实验组堆肥产物中的有机质主要以腐殖酸的形式存在，未被降解的纤维素含量<10%；实验组堆肥产物的总氮含量也高于对照组，结合图 3-32 显示出的堆肥过程中实验组和对照组样品的氨态氮含量变化无显著差异可知，菌株 S1 在堆肥过程中，尤其是堆肥 15 d 后氨态氮含量较低的情况下发挥了其固氮作用，有效地为高温期微生物降解纤维素提

供了氮源，并最终提高了堆肥产品的总氮含量；分析认为具有耐高温降解纤维素固氮能力的菌株 S1 有效地强化了堆肥高温期纤维素的降解和转化过程。实验组堆肥产物的速效磷、总钾、发芽指数等指标参数与对照组堆肥产物基本相同或略高。

表 3-18　接种菌株 S1 发酵液处理组和对照组堆肥产物主要指标参数检测结果

主要检测结果	实验组	对照组
有机质含量（TOC）/%	51.24	42.05
腐殖酸含量/%	26.27	14.24
纤维素（含半纤维素）含量/%	9.97	20.81
总氮含量（TN）/%	1.52	0.81
速效磷含量（P_2O_5）/%	0.91	0.93
总钾含量（TK）/%	4.08	3.94
发芽指数（GI）/%	84.8	78.7
水分（鲜样）含量/%	28.5	25.6
pH	8.49	8.21

注：未注明检测结果的检测项目均按照相关国家标准规定的方法进行检测。

综合所有结果可知，菌株 S1 发酵液的添加有效地缩短了堆体的升温时间和堆肥周期，加快了堆体中纤维素的降解和转化，提高了堆肥产品的腐殖酸和总氮含量，最终提升了堆肥效率和堆肥产品肥效。

4

农业微生物菌剂
与菌肥

4.1 微生物菌剂的类型

4.2 微生物菌剂的作用

4.3 微生物菌肥的定义

4.4 微生物菌肥的种类

4.5 微生物肥料的功能

4.6 微生物肥料的常用菌种及应用现状

4.7 微生物肥料的质量保障

4.8 微生物肥料的合理使用

国家于 2006 年制定了农业微生物菌剂国家标准，取代曾经出台的国家标准 NY 413—2000，将农业微生物菌剂定义为目标微生物（有效菌）经过工业化生产扩繁后加工制成的活菌制剂。它可直接或间接改良土壤、恢复地力，维持根际微生物区系平衡，降解有毒、有害物质等，通过微生物的生命活动，增加植物养分的供应量、促进植物生长、改善农产品品质及农业生态环境。

4.1 微生物菌剂的类型

① 按微生物菌剂剂型可分为液体、粉剂、颗粒型。

② 按微生物菌剂中的内含物可分为单纯的微生物菌剂和复合（或复混）微生物菌剂等。

③ 按微生物菌剂制品中特定的微生物种类分为细菌菌剂、放线菌菌剂（如抗生菌类）、真菌菌剂（如菌根真菌类）、固氮蓝藻菌剂等。

④ 按微生物菌剂作用机理分为根瘤菌类菌剂、固氮菌类菌剂、解磷菌类菌剂、解钾菌类菌剂、硅酸盐微生物菌剂、光合细菌菌剂、有机物料腐熟剂、促生菌剂、菌根菌剂、生物修复菌剂等。

4.2 微生物菌剂的作用

微生物菌剂的作用总的来说有以下几个方面：

（1）提高作物产量

实践证明，微生物菌剂特定的肥料效应不仅为农作物提供营养元素，而且有效菌还能分泌赤霉素、细胞分裂素、生长素等活性物质，刺激、调节、促进作物的生长发育，有利于农作物增产。

（2）改善品质

微生物菌剂能有效地改善农产品品质。实践证明，施用微生物肥料收获的农产品的蛋白质、糖类、维生素、氨基酸等有益成分含量明显提高，籽粒、果实丰满光滑，蔬菜果品色泽亮丽，既好吃又好看，价值还高。有的微生物肥料产品，还可以减少硝酸盐的积累，提高农产品的安全性。

（3）增强作物的抗逆性能

大多微生物菌剂中的有效菌具有分泌抗生素类物质和多种活性酶的功能，能抑制或杀死致病菌，降低病害发生，增强作物的抗逆性，如可增强农作物的抗旱、耐寒、抗倒伏、防病及抗盐碱能力，同时能有效预防作物生理性病害的发生。

（4）提高化肥利用率

微生物菌剂有效菌大多能分解土壤中有机质，有机质分解过程中生成腐殖酸，腐殖酸与土壤中的氮形成腐殖酸铵，可减少氮肥的流失。解钾溶磷有效菌能将土壤中固化的化学钾肥、化学磷肥分解转化为速效钾、速效磷，提高其利用率，降低生产投入，减少资源浪费。

（5）改善土壤养分

微生物菌剂有效菌能够促进土壤中难溶性养分的溶解和释放，提高土壤养分的供应能力。有效菌所分泌胞外多糖物质，是土壤团粒结构的黏合剂，能够增强土壤团粒结构，疏松土壤，提高土壤通透性和保水保肥能力，增加土壤有机质，活化土壤中的潜在养分，改善土壤中养分的供应状况。

4.3　微生物菌肥的定义

微生物菌肥是以微生物的生命活动使作物得到特定肥料效应的一种制品，是农业生产中所使用肥料中的一种。

现在社会上对微生物肥料存在一些误解和偏见，一种看法是认为它肥效很高，把它当成万能肥料，甚至称其完全可以代替化肥，夸大其作用，言过其实；另一种看法则认为它根本不算肥料。其实两种看法都存在片面性。一方面，微生物肥料与富含氮、磷、钾的化学肥料不同，微生物肥料是通过微生物的生命活动直接或间接地促进作物生长，抗病虫害，改善作物品质，而不仅仅以增加作物的产量为唯一衡量标准。另一方面，从目前的研究和试验结果来看，微生物肥料不能完全取代化肥。比如用根瘤菌菌剂接种花生、大豆等豆科植物或牧草，可以提高共生固氮效能，增产效果很明显，这一点已经广为人知。但在同样达到有效产量的情况下，只能不同程度减少化肥的使用量而不能完全取代。除此以外，每一种肥料都有其适用作物和地区，目前还没有一种肥料是万能的。因此，微生物肥料应属于肥料中的一种，需要从微生物的种类及其功能来评价，与传统的化肥和有机肥有着本质的区别。

4.4　微生物菌肥的种类

依据微生物菌剂的功能不同可将其分为 2 类，即微生物拌种剂和复合微生物肥料。

4.4.1　微生物拌种剂

利用多孔的物质作为吸附剂（如草炭、蛭石），吸附菌体的发酵液制成的菌剂可用于拌种或蘸根。有益微生物通过其生命活动增加植物营养元素的供应，改善营养状况而导致植物增产。其代表品种为各类根瘤菌肥料，主要应用于豆科植物，使其能在豆科植物根、茎上形成根瘤，同化空气中的氮元素来供应植物。也可使用2种或2种以上互不拮抗、互相有利的微生物（固氮菌、芽孢菌或其他一些细菌），通过其生命活动使作物增产，其作用不仅包括提高营养元素的供应水平，还包括菌在繁殖过程中自身产生的各类植物生长刺激素，可拮抗某些病原菌，达到抑制病害的目的，尤其是土传病害，例如线虫病害、全蚀病、青枯病、枯萎病等。一些菌剂能活化土壤中被固定的磷、钾矿物，使之被植物吸收。另一些菌剂能加速作物秸秆的腐熟和促进有机废物发酵。

4.4.2　复合微生物肥料

复合微生物肥料包括光合生物肥料、PGPR 肥料、功能微生物、微量元素复合肥料、联合固氮菌复合肥等。

国外对微生物肥料的研究和应用比我国早，主要品种是根瘤菌拌种剂。10多年来我国微生物肥料发展较迅速，但根瘤菌应用较少，其他品种的肥料如固氮、解磷、解钾等芽孢类制剂应用较多，大多已工厂化生产。

微生物肥料的生产是高新技术，涉及菌种选育、复壮，基因重组、不同菌种的有效组合，通过研究不同来源的微生物与作物品种、土壤肥力、土壤类型之间的关系，达到合理施用肥料的目的。微生物肥料的剂型有液体和固体2种，不论哪一种剂型都要对微生物有保护作用，使之尽量长时间地生存，顺利地进入土壤繁殖。

微生物肥料中的有益微生物进行生命活动时，需要能量和养分。当进入土壤后，能源物质和营养供应充足时，其所含的有益微生物便大量繁殖和旺盛代谢，从而发挥其效果。反之则无效果或效果不明显。当土壤生态环境（水分、温度、氧气、pH、氧化还原电位等）适宜于肥料中的有益微生物生活时，其效果尤为显著。

微生物肥料的作用是综合性的，主要有以下几点。①增加土壤肥力。这是作为微生物肥料的主要功效。②协助农作物吸收营养，如根瘤菌能在根瘤中固定氮并被植物吸收，既能全部被利用又无污染问题。AM 真菌是一种土壤真菌，它与多种植物根系共生，其菌丝可以吸收更多的营养供给植物吸收利用，尤其对磷的吸收最明显。③增加植物的抗病虫害和抗旱能力。PGPR 的研究与应用提供了很好的证据。PGPR 可以产生胞外溶解酶、氰化氢改变微生态环境。还有研究认为，接种 PGPR 后，能够使根内水质素含量的增加，从而促进作物强壮，产生抗逆能力。④减少化肥的使用量，同时提高作物品质。

生产微生物肥料所用菌必须是安全的，应符合微生物肥料生物安全通用技术准则（NY 1109—2006）。在准则中明确指出，用于微生物肥料的菌种可以分为四级管理。

（1）第一级为免做毒理学试验的菌种（A.1）

准则中列出根瘤菌类 12 种、自生及联合固氮微生物类 5 种、光合细菌类 15 种、分解磷钾化合物细菌类 8 种、促生细菌类 2 种、酵母菌类 9 种、放线菌类 3 种、AM 真菌类、其他杆菌类 10 种。

（2）第二级是需要做急性毒性试验（LD_{50}）的菌种

包括绿色木霉、哈茨木霉、弗氏链霉菌、恶臭假单胞菌、橘青霉、巴斯德梭菌、黑曲霉、米曲霉、金黄节杆菌等 40 种。

（3）第三级为需要做致病性试验的菌种

包括乙酸钙不动杆菌、鲍氏不动杆菌、反硝化产碱菌、粪产碱菌、木糖氧化产碱菌、蜡样芽孢杆菌、成团肠杆菌、阴沟肠杆菌、日勾维肠杆菌、产碱假单胞菌、缺陷假单胞菌和变形菌。这些菌在使用中均要进行致病性实验。

（4）第四级为禁止使用的菌种

包括欧文氏菌、肺炎克雷伯氏菌、产酸克雷伯氏菌、铜绿假单胞菌。在肥料中要绝对禁止含有这些菌。

首先要确保菌种对人、动物、植物，无急性、恶急性病害，其次要有一定的功效。优良菌株很重要，因为一种菌经过筛选或诱变，可以筛选到作用更强的菌株。菌种应用要科学、合理。有些种类不适宜组合，有些菌的安全性应按照准则要求进行检定。微生物肥料不要长时间暴露在阳光下，以免紫外线杀死肥料中的微生物，有些产品不宜与化肥混用，更不能与杀菌剂混用。

微生物肥料发展很快，但也存在一些不合理使用的问题，如盲目地认为肥料中加入菌的种类越多越好而将拮抗菌放在一起；目前生产菌种的企业存在发酵设备不完善、工艺不先进、生产技术低下、产品质量不稳定等问题；微生物复合肥料中化肥比例大，名不符实；基础性研究薄弱；高新产品开发滞后等等。与化肥相比，微生物肥料目前在农业增产中的作用还太小，是应该大力发展的肥料品种。目前品种如表 4-1。

表 4-1 目前主要微生物肥料一览表

肥料品种	肥料类型	微生物组成	施用对象
微生物拌种剂	固氮菌肥（根瘤菌肥料、固氮菌肥料）	根瘤菌	豆科植物
		固氮菌属、芽孢杆菌属、羧菌属、固氮红螺菌、固氮蓝细菌、固氮螺菌等	甘蔗、小麦、燕麦、谷物、棉花和菠菜等
	解钾菌肥料	钾细菌、硅酸盐细菌	玉米、棉花、水稻、小麦、烤烟、薯类等
	解磷菌肥料	磷细菌	
	抗生菌肥料	放线菌、产抗生素菌	各种主要作物，如棉花
	菌根肥料	内球囊霉菌	造林、需要育苗的植物
复合微生物肥料	光合生物肥料	光合细菌	苜蓿、小麦、蚕豆等作物
	PGPR 肥料	植物根际促生细菌	
	功能微生物-微量元素（钼、钴、钨、硼、锌、铁等）复合肥料		
	联合固氮菌复合肥	各种固氮菌属	
	磷细菌和钾细菌复合肥	磷细菌、钾细菌	
	多菌株-多营养复合生物肥料	光合细菌、乳酸菌、酵母菌和放线菌等	

4.5 微生物肥料的功能

微生物肥料是根据作物的生长需要，将微生物菌剂与无机氮磷钾肥料按照一定比例复混，得到的一种农业生产中所需要的肥料。微生物肥料可以减少农户施用次数，不仅可以快速提供植物所需的营养，还可以改善土壤养分的供应、促进作物生长等。

微生物肥料施入土壤后，可快速利用的营养物质、菌种、作物、土壤生态环境之间会发生"菌类与作物共生互作效应""养分协调效应""生物固氮效应"等，确保作物的健康生长和增产，其主要的作用机理包括以下五个方面。

4.5.1 增加土壤肥力，提高肥料的利用率

复合微生物肥料中含有氮、磷、钾和丰富的有机质等，养分全面，增加土壤肥力；有益微生物菌群中多种高效菌株联合作用，具有解磷、解钾的作用，同时能够增加土壤孔隙度，提高常规肥料中氮、磷、钾的利用率。例如，细菌能够逐步分解磷灰石、磷酸三钙以及有机磷化合物，释放出五氧化二磷，供植物的吸收再利用。

4.5.2　改良土壤团粒结构，疏松活化土壤

微生物在生长繁殖过程中产生大量的胞外多糖。胞外多糖是形成土壤团粒结构及保持团粒稳定的黏结剂。根系周围细菌合成的多糖对作物根际团聚体的稳定具有促进作用。另外，微生物肥料可提高土壤中有机质含量，改良土壤结构，疏松活化土壤，减少土壤板结，提高土壤的保水、保肥、透气的能力。

4.5.3　促进作物生长，增强作物抗逆性

复合微生物肥料中含有氮、磷、钾营养元素，同时微生物在发酵过程和土壤中的生命活动过程中，能够产生大量的赤霉素和细胞分裂素等植物激素类物质，这些物质与作物根系接触后，能够刺激作物生长，调节作物的新陈代谢。微生物肥料含有的有机质和腐殖酸，可以调节作物气孔的开放度，这些物质与有益微生物的代谢产物（酶）协同作用，能够提高作物的抗逆性。

4.5.4　减少土传病害

施用复合微生物肥料后，微生物在作物根系大量生长繁殖，形成作物根际的优势菌，通过竞争、寄生、占位等，减少了病原菌的繁殖机会，部分微生物还能够产生抗生素、溶菌酶等活性物质，有效抑制土壤中病原菌的生长，起到减轻作物土传病害的作用。

4.5.5　分解土壤中残留的有害物质

复合微生物肥料中的微生物有益菌的大量生长繁殖，能够抑制病原菌的生长繁殖，还能分解土壤中化肥、农药的残留物质，分解土壤中累积的有害根际分泌物，减轻作物连续种植的负担。

4.6　微生物肥料的常用菌种及应用现状

4.6.1　微生物肥料的常用菌种

在国家标准中，微生物菌剂是微生物肥料中的一类，使用频率较大的前 10 位菌种分别为：枯草芽孢杆菌、胶冻样类芽孢杆菌、地衣芽孢杆菌、巨大芽孢杆菌、

解淀粉芽孢杆菌、酿酒酵母、侧孢短芽孢杆菌、细黄链霉菌、植物乳杆菌、黑曲霉，其中芽孢杆菌占大多数。

目前在市场上推广时，微生物菌剂按内含的微生物种类或功能特性分为：根瘤菌剂、固氮菌剂、解磷类微生物菌剂、硅酸盐微生物菌剂、光合细菌菌剂、有机物料腐熟剂、促生菌剂、菌根菌剂、生物修复菌剂。剂型以液体为主，也有粉剂、颗粒剂。

为了降低农户施肥劳动强度，把无机肥料、有机肥料和微生物菌剂进行复配，制备出复合微生物菌剂是一种必然趋势。

4.6.2 我国微生物肥料登记现状

国家标准化管理委员会于 2006 年 9 月 1 日正式颁布 GB 20287—2006《农用微生物菌剂》国家标准，对此类生物有机肥料产品实行登记管理制度。截至 2020 年 9 月，在农业农村部微生物肥料和食用菌菌种质量监督检验测试中心网站上登记的微生物菌肥产品信息有 7608 条，分别来自 2856 家企业。自开始微生物菌肥登记以来，登记数量逐年增加，尤其在 2015—2018 年，年登记产品数量快速攀升，但 2019 年又快速回落，说明我国微生物菌剂开发有跟风现象，在科研方面缺乏后劲和规划。从产品形态上看，以粉剂类型为主，占总登记产品的 48.2%，颗粒剂占 31.9%，液体占 19.9%（图 4-1）。浙江省农业科学院园艺研究所戴美松等对相关数据进行了报道。

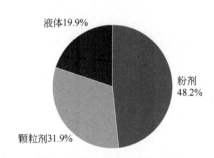

图 4-1　微生物菌肥登记现状

按内含微生物种类或功能划分，登记产品分为 6 个菌剂类（菌根菌剂、生物修复菌剂、光合细菌菌剂、根瘤菌剂、有机物料腐熟剂和复合微生物菌剂）及 2 个菌肥类，共 8 大类。

在所有菌种中应用最多的是枯草芽孢杆菌、其次是解淀粉芽孢杆菌、地衣芽孢杆菌。截至 2020 年 9 月，在 7608 个登记产品中，有 4013 个产品（占 52.7%）的有效菌种为 1 种［图 4-2（a）］，有 2 种有效菌种的产品占 38.2%，3 种及以上有效菌种的产品占 9.1%，其中有 4 个登记产品的有效菌种达到 6 种。说明我国在菌剂应用方面还比较单一，有待进一步开发和应用。

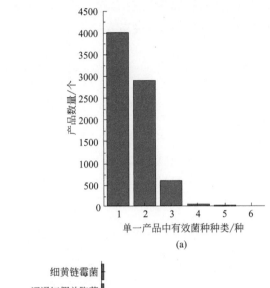

(a)

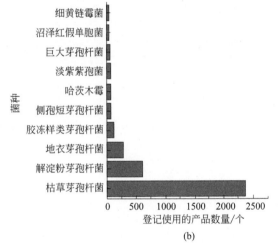

(b)

图 4-2　单一微生物菌肥产品中登记的有效菌种种类（a）与
应用最多的前 10 个有效菌种（b）

4.6.3　微生物肥料的应用研究

　　微生物肥料的芯片是微生物，农业农村部微生物肥料和食用菌菌种质量监督检验测试中心主任李俊指出，谁抓住微生物，谁将在未来农业中占据先机。我国高校科研院所研究人员正在不断创新，筛选和评价不同微生物对农作物种植的影响。

　　中国农业大学李可可等在吉林黑土地区减氮肥 50%、减磷肥 100% 条件下，评价 15 种商业微生物肥料对玉米生长和产量的影响。与常规施肥相比，减氮肥 50%处理减产 3.6%~5.5%；不施磷肥减产 0.6%~4.1%。在减氮条件下，33.3%的微生物肥料可使玉米稳定增产，增产率为 15.7%~35.5%（平均增产 25.6%）；在不施磷条件下，26.7%的微生物肥料可使玉米稳定增产，增产率为 9.7%~21.5%（平均增产 15.6%）。生物有机肥的增产效果优于菌剂接种。含有链霉菌、胶冻样芽孢杆菌、枯草芽孢杆菌、多黏类芽孢杆菌及木霉菌等微生物的生物有机肥，增产效果较好。

甘肃中医药学院李钦等采用田间试验比较复合微生物肥料、有机肥和复合肥对当归药材质量的影响，按照《中华人民共和国药典》的方法测定当归水分、总灰分、酸不溶性灰分、醇溶性浸出物含量，采用甲苯法测定当归的多糖含量，采用高效液相色谱法同时测定其阿魏酸、阿魏酸松柏酯、洋川芎内酯Ⅰ、洋川芎内酯 H、洋川芎内酯 A、正丁基苯酞、蒿本内酯和欧当归内酯 8 种化学成分的含量。结果表明：施用复合微生物肥料可降低当归药材水分、总灰分以及酸不溶性灰分含量，提高浸出物含量。单施复合微生物肥料可提高当归质量，单施有机肥可增加当归药效成分，因此合理配施肥料，可综合提高当归品质及土壤环境安全性。

4.7 微生物肥料的质量保障

市面上的微生物肥料种类繁多，鱼龙混杂。从实际使用效果看，好的微生物肥料要能够促进植物对氮、磷、钾的高效吸收、有效增强植物的抗逆性、改善土壤团粒结构、减轻作物连续种植的负担和减少土传病害。

4.7.1 菌种的功能和生物安全

微生物肥料所采用的菌种应该是在实验室进行了反复筛选、理化鉴定、作用机制及生物特性研究的基础上，经过反复田间验证，证明符合生产要求、肥效作用好、符合菌种安全要求的菌种。菌种开发是微生物菌剂和复合微生物肥料的核心，目前我国开发菌种的企业要求按照《农用微生物菌剂》国家标准，对于新型功能菌不仅要满足功能要求还要满足生物安全的要求。

4.7.2 菌种生产的工艺优化

菌种生产对发酵企业而言，难度不大，主要工艺优化集中在提高有效菌数量。通过选择符合要求的发酵设备，防止各环节的污染；通过优化培养基配方、酸碱度、温度、通气量、吸附剂的选择等，降低产品的成本。

4.7.3 有效活菌数和菌种纯度

使用微生物肥后起作用的只有活菌，有效活菌数越多效果越好，但我国微生物菌剂标准中对功能微生物菌剂的菌落数缺乏要求。菌种的纯度很重要，当产品中霉菌杂菌数及杂菌率超标时也会影响应用，并且市场上有少数不合格产品中含有致病菌，不仅修复不了土壤，而且会导致病害发生。

4.7.4 协同增效

微生物肥料不是菌种越多、数量越大越好。复合微生物菌的使用效果会受到不同菌种生长习性的影响，盲目地复合极易造成菌种间的拮抗，影响效果发挥。所以并不是复合的菌种种类越多越好，而是菌种之间能够协同，具有良好的微生态关系，才能达到最好的效果。

4.8 微生物肥料的合理使用

微生物肥料不能和细菌杀菌剂、化肥混用。菌肥与微生物菌剂一般为细菌性的菌种，理论上细菌性菌肥与微生物菌剂可以和真菌杀菌剂混用，但实际操作中，两者混用会降低菌种的活性。而化肥中高浓度的盐离子也会对菌种的活性造成影响。所以不建议微生物肥料与真菌杀菌剂、化肥混用。必须通过工艺改进，将微生物包裹在有机质中，保证微生物的生长环境。

微生物的生长对温度、水分等环境条件有一定要求，避免在高温干旱条件使用。在高温干旱条件下，生存和繁殖就会受到影响，不能发挥良好的作用。应选择阴天或晴天的傍晚使用这类肥料，并结合盖土、盖粪、浇水等措施，避免微生肥料受阳光直射或因水分不足而难以发挥作用。

目前，使用微生物肥料不能完全替代化肥，但可以提高肥料利用率，减少化肥的投入。因为土壤肥力由生物肥力、化学肥力、物理肥力三部分组成，使用微生物肥料后能提高土壤的生物肥力，可以间接促进化学肥力和物理肥力的提高。

5

有机肥料类型
及其应用

5.1　有机肥料的定义
5.2　有机肥料国家标准的解读
5.3　有机肥料对土壤的改良作用
5.4　有机肥料推广应用的重大意义
5.5　有机肥料生产的关键技术

5.1 有机肥料的定义

有机肥料是指来源于植物或动物,经过发酵腐熟的含碳有机物料,其功能是改善土壤肥力、给植物提供营养、提高作物品质。

5.2 有机肥料国家标准的解读

我国 2021 年 6 月 1 日正式实施有机肥料国家最新标准 NY/T 525—2021,与 NY 525—2012 相比,除结构调整外,主要技术变化如下:

① 取消了强制性条款的规定;

② 修改了标准的适用范围;

③ 增加了"腐熟度""种子发芽指数"的术语和定义;

④ 增加了有机肥料生产原料适用类目录及评估类原料安全性评价要求;

⑤ 删除了对产品颜色的要求;

⑥ 修改了有机质的质量分数的限定及其计算方法,与以前的标准有机质测定相差 1.5 倍;

⑦ 增加了种子发芽指数的限定及其测定方法,用于评价有机肥料的腐熟程度;

⑧ 增加了机械杂质的质量分数的限定及其测定方法;

⑨ 修改了检验规则;

⑩ 修改了包装标识要求,增加了对主要原料名称、氯离子的质量分数等标识要求;

⑪ 增加了杂草种子活性的测定方法。

5.3 有机肥料对土壤的改良作用

肥料的施用是农业生产增产的有效途径,但一味追求高产而忽视作物的需要以及土壤的最大容肥量是不明智的,不仅会浪费自然资源,增加成本,也会危害人体健康。

随着农业供给侧结构性改革和农村振兴战略的不断推进,未来农业的主要发展方式需要从完全依赖自然环境资源向绿色可持续方向转变,即通过有机肥料替代化肥的使用，降低化肥的使用率，实现农业可持续发展。

　　土壤肥力能够衡量土壤所提供给各类作物所需要养分的能力，是反映土壤肥沃性的指标。Guo 等快速、准确地获取土壤有机碳图以了解农田土壤肥力，为管理矿物肥料提供了极大便利。Di 等在冶炼厂污染土壤中通过单独施用有机肥料或与链霉菌联合施用进行堆肥处理，研究其对土壤污染的影响，同时研究了土壤肥力、酶活性、潜在毒性、金属溶解度和植物修复效率，结果表明：联合施用处理条件下，土壤肥力和酶活性显著提高，土壤 pH 降低，潜在毒性金属溶解度增加，植物修复效率明显提升，并且提高了土壤电导率 7.0 倍和速效磷含量。有机肥料替代化肥施用对农田土壤的物化性状、土壤营养状况、土壤生物学状况、土壤环境状况均会产生重大影响。研究表明：有机肥料的有机质对土壤物理化学性状、肥力水平、土壤重金属有效性均有显著影响。在提高土壤养分利用率、使土壤养分保持平衡、增强土壤生物特性和生物化学特性、使土壤微生物群落的结构优化等方面的作用也较显著。最主要的是建立耕作一体化技术，完善有机肥料施用比例，把每一个块地各元素具体分析，建立土壤健康表，按地施肥，充分发挥肥效，减少对环境的危害。

5.3.1　有机肥料对土壤物化性状的影响

　　施用有机肥料可以极大改善土壤的物理性状，但这需要长期的施用。有机肥料施入土壤后，首先会发生矿质化，有机物完全分解为二氧化碳、水分和矿质营养（磷、钾、钙等），又经过一定的时间，如气、水、热等一系列条件适宜，腐殖化过程开始进行，生成的腐殖质、腐殖酸、胡敏酸、胡敏素等能改善土壤的理化性质，土壤的保水保肥的能力也得到提高，进而提高土壤养分和水分的利用效率。胡诚等研究发现在将秸秆还田时，配合施用秸秆腐熟剂不仅能够显著提高早稻和晚稻产量，而且土壤有机质、全氮、碱解氮、有效磷、速效钾含量都大大提高，阳离子交换量也增加，土壤容重降低。秸秆还田能够增加团聚体含量，主要是大于 0.25 mm 的风干团聚体以及水稳性大团聚体，土壤团聚体破坏率显著降低。邓超等研究表明有机肥料的施入能够增加土壤的大、中孔隙度。叶协锋等研究发现绿肥翻压后，土壤酶活性和土壤肥力水平能够显著增加。如果翻压绿肥量超过 15000 kg/hm^2，与对照组相比，经过绿肥翻压的地块，土壤脲酶、蔗糖酶、酸性磷酸酶、过氧化氢酶的酶活性都显著增加，增幅分别为 13.10%～23.81%、12.92%～29.38%、75.35%～234.51%、29.17%～37.08%；土壤有机质、全氮、碱解氮、有效磷、速效钾、pH、孔隙度均大幅度增加，增幅分别为 13.01%～70.41%、6.42%～27.52%、1.14%～10.99%、15.97%～34.99%、10.28%～38.30%、2.74%～7.05%、

0.19%～2.50%，土壤容重下降。此外，施用有机肥料能够提高植烟土壤的 pH、EC、CEC。

5.3.2 有机肥料对土壤营养状况的影响

Huang 等经研究发现长期施用有机肥料会使土壤的供肥容量显著提高，腐殖酸对土壤养分的活化速度加快，土壤养分含量升高，速效养分供应处于平衡状态，效果非常明显。在施肥相当的情况下，有机肥料比化肥具有更加显著的作用，可以大量增加土壤营养物质含量，提升土壤有机质的质量。有机肥料长期施用能够增加土壤活性炭和活性氮含量，使与养分转化有关的微生物和酶的活性也得到增强，从而提高土壤有效养分。Yang 等经过长期定位试验发现，所有施肥处理均能使土壤全氮含量显著提高，并且有机肥料投入比例越高，土壤全氮含量也越高。有机肥料对土壤特性的影响见表 5-1。

表 5-1　有机肥料对土壤特性的影响

有机肥料种类	主要影响或机理
畜禽粪便、农家肥、作物秸秆、生物废弃物、绿肥、商品有机肥料	① 使土壤容重下降，总孔隙率增加，土壤团聚体数量和稳定性上升，土壤保水保肥的能力显著增加，土壤酸化进程减缓等 ② 使土壤供肥容量增加，腐殖酸类物质对养分的活化速率加快，与养分转化有关的微生物和酶的活性显著增加，元素的利用效率大大增强 ③ 使有机质和土壤肥力显著增加，提供碳源、氮源、能量和结合位点给土壤微生物和酶，使微生物生长和繁殖加快，使转化效率更高
畜禽粪便、污泥、商品有机肥料	使有机肥料的重金属含量升高

5.3.3 有机肥料对土壤生物化学特性的影响

有机肥料能够增加土壤养分有效性，使土壤理化性质更加符合作物生长要求，而且可以显著影响土壤的生物化学特性，这一特性能够使土壤对施肥管理的响应更加敏感迅速。土壤微生物在土壤碳循环中发挥着重要作用，能够反映土壤肥力和土壤质量的重要指标包括土壤微生物数量和活性。有机肥料也能提供给土壤微生物生命活动所需的能源，主要有碳源、氮源和能量，同时使土壤微生态环境的理化性状更加适合农作物生长，加快微生物的生长和繁殖，使土壤微生物群落的结构和功能得到完善。有机肥料影响土壤微生物生态的因素主要是有机质。研究表明，长期施用有机肥料可以显著提高土壤有机质含量，改善土壤微生物群落和微生态。此外，土壤中绝大多数的酶吸附在土壤有机质和矿质颗粒上或者与腐殖物质络合形式共存于土壤中。施用有机肥料能够显著增加土壤中有机酸和腐殖质含量。有机肥料提供了丰富的结合位点或保护性位点给土壤中的酶，并且使土壤酶活性大幅度提高。

5.3.4　有机肥料对土壤环境的影响

研究发现，自 21 世纪以来，很多国家都出现了农田土壤重金属累积和超标等一系列问题，给作物生产及人类身体健康带来严重影响甚至威胁。有机肥料是一种绿色环保可循环利用的肥料，具有能够显著增强地力、提高微生物活性、促进团粒结构的形成等一系列优点，同时它含有一定数量的重金属元素，特别是粪便类的有机肥料，施用此类有机肥料，一定会增加作物体内重金属含量，可能会导致人体重金属含量超标。畜禽粪便中的重金属含量远高于其他有机肥料种类的含量。猪粪中锌、铜含量处于较高水平，而鸡粪中铬的含量更高。研究表明：无论是施用化肥还是有机肥料，土壤中重金属含量都会逐渐增加，都有重金属超标的风险。有机肥料对土壤中的重金属影响是巨大的，一方面，有机肥料可以直接增加土壤中重金属含量，并使重金属的生物有效性增强，因为有机物的腐解过程中会释放有机酸，有机酸对土壤中强结合态的重金属具有活化作用，使重金属的有效性增强；另一方面，有机质是一类大分子物质，有大量的官能团，对于重金属离子有很强的吸附能力，同时有机质中的腐殖质分解可以产生腐殖酸，它可以与重金属离子形成络合物，起到固定重金属的作用，反而使重金属的有效性降低，同时降低对作物的毒害作用。因此，不能武断评判说有机肥料会使重金属有效性增加或降低，这要从以上两个方面考虑。同时，有机肥料种类和土壤类型也会对土壤中重金属有效性产生影响。刘秀珍等发现，土壤中重金属的形态并非一成不变的，有机肥料的施入可以使重金属形态发生改变。

郭雨浓等采用田间试验研究了内蒙古巴彦淖尔市河套地区甜瓜在一次性施肥、覆膜后灌水、淋洗、排盐传统种植模式下不同施肥处理对土壤养分及甜瓜产量、品质和养分利用的影响，不同施肥处理包括不施肥（CK）、常规施肥（CF）、优化减量施肥（RF）、控释肥（RSF）、优化减量施肥＋有机肥料（RF+OM）、控释肥+有机肥料（RSF+OM）6 种处理方式。结果表明：RSF 处理使甜瓜生育期维持较高的土壤氮元素水平，与单施化肥相比，RF+OM、RSF+OM 处理可以维持土壤有机质含量，培肥土壤。各施肥处理后甜瓜产量均显著增加（$p<0.05$），RSF+OM 处理产量显著高于 CF 处理，RF、RSF 及 RF+OM 处理与 CF 处理相比产量和品质提高，但差异不显著。RF、RSF 处理氮元素利用效率比 CF 处理分别提

高 15.1%、21.5%，磷元素利用效率分别提高 20.4%、18.8%。

5.3.5　有机肥料增强土壤蓄水保墒能力

方彦杰等为探究耕作和施肥方式对西北半干旱区饲用玉米土壤水分和产量的影响，以饲用玉米陇饲 1 号为材料，设置传统旋耕、立式深旋耕 2 种耕作方式，单施化肥、有机肥料部分替代化肥 2 种施肥方式，研究不同的耕作和施肥方式对饲用玉米土壤贮水量、花前花后耗水量、单株鲜重和干重以及产量的影响。结果表明，与传统旋耕相比立式深旋耕能够降低饲用玉米 0～300 cm 土层土壤贮水量，提高花前耗水量，降低花后耗水量，增加生育期总耗水量，而有机肥料替代化肥能够降低立式深旋耕方式下土壤总耗水量；立式深旋耕使成熟期单株干重增加 1.3%～10.6%，单株鲜重增加 4.9%～21.9%，而且增加了饲用玉米株高、穗长、穗粗、行粒数、百粒重、双穗率，以上指标的变化均有利于高产试验。3 年试验中立式深旋耕化肥处理较其他处理的籽粒产量增加 1.8%～38.6%，丰水年生物量增加 1.2%～15.1%，立式深旋耕有机肥料处理较其他处理提高了干旱年生物量 4.9%～21.9%、提高了籽粒产量水分利用效率 6.3%～34.8%、提高了生物量水分利用效率 7.1%～21.5%。立式深旋耕能够改善作物生长土壤环境，有利于饲用玉米对土壤水分的吸收以及干物质量的积累，其组合化肥处理可以增加饲用玉米籽粒产量和丰水年生物量，组合有机肥料替代处理可增加干旱年饲用玉米生物量和水分利用效率。

5.4　有机肥料推广应用的重大意义

有机肥料绿色、安全、环保，符合农业未来发展趋势，具有改善土壤物理化学性状，改良养分状况，使土壤养分保持平衡，增加养分有效性，提高土壤中酶的活性等一系列优点，这些是使用化肥不能比拟的。然而畜禽粪便类有机肥的施用，会增加土壤中重金属含量，有可能导致重金属在人体内的积累增多，危害人体的健康。有部分有机肥料种类能与重金属络合，降低重金属的有效性，使有机肥料更加安全。因此，建议在农业生产中加强对有机肥料的管控，严格按照标准规范进行有机肥料的生产，减少畜禽类粪便等有机肥料的施用。同时，建立耕作一体化技术，完善有机肥施用比例，把每一个地块中的各元素具体分析，建立土壤情况表，按地施肥。不能完全用有机肥料替代无机肥料，可以将两者混合施用。要完善有机肥料的生产过程，确定合适施用量和最大施用量，最大限度发挥有机肥料和化肥优势，健全施肥制度，真正做到绿色高效施肥，达到高产的最终目的。

5.5 有机肥料生产的关键技术

目前我国废弃生物质资源量丰富，为有机肥料的生产提供了基础，但是由于各个生产厂家规模都不大，市场上存在不规范竞争，存在腐熟不完全现象。为了规范有机肥料市场，我国在 2021 年出台了新的标准，旨在提升产品质量，特别是解决腐熟度和重金属问题。一般腐熟时间需要 45 d 左右，高效腐熟剂的开发至关重要。

龚大春团队开发一种高效腐熟剂，可以缩短腐熟时间，增加 N、P、K 含量。把具有自主知识产权的耐高温固氮、可降解纤维素的特基拉芽孢杆菌 S1 用于纤维素秸秆的堆肥，取得较好的效果。实验表明在堆肥第 2 天便开始迅速升温，第 4 天便达到最高温 60 ℃，且 55～60 ℃ 的高温实验 G 组持续了 11 d，Y 组持续了 13 d，达到国家标准，且分别在第 17 天和第 16 天温度下降至 50 ℃ 以下，进入腐熟阶段。而空白组在第 8 天才达到最高温度 55 ℃，温度未达到 60 ℃，升温较慢，且高温只持续了 5 d 左右，第 20 天温度下降至 50 ℃ 以下进入腐熟阶段。

6

生物有机肥
及其功能

6.1 生物有机肥的定义
6.2 生物有机肥国家标准的解读
6.3 生物有机肥的功效
6.4 生物有机肥的生产
6.5 功能微生物的发酵生产
6.6 生物有机肥的应用及大田研究进展
6.7 生物有机肥的施肥方法
6.8 农村振兴与土壤改良的基本对策
6.9 生物有机肥在绿色食品生产中的作用

6.1 生物有机肥的定义

生物有机肥是指特定的功能微生物与主要以动植物残渣（如养殖业废弃物、种植业废弃物、加工业废弃物和天然原料等）为原料并经过无害化处理、腐熟的有机物料复合而成的一种兼具微生物肥料和有机肥料效应的新型绿色肥料。

从生物有机肥的定义来看，生物有机肥兼具微生物肥料和有机肥料两种肥料的效应，说明生物有机肥既区别于微生物肥料和有机肥料，又与微生物肥料和有机肥料有着十分紧密的联系。因此，要弄清生物有机肥的定义就需要将有机肥料、微生物肥料和生物有机肥三者的定义进行对比分析。

正如第 5 章所述，有机肥料是天然有机质经微生物分解或发酵而形成的一类肥料，在我国又称农家肥。有机肥料的特点是原料广泛，实际上我国蕴含着众多可用于生产有机肥料的有机废弃物资源。相较于单一品种的化学肥料，有机肥料养分更为全面，但 N、P、K 等单一养分元素的含量却低于化学肥料。有机肥料施入土壤后肥效起效迟，甚至部分养分需要经土壤微生物的分解和转化才能被作物吸收、利用。有机肥料具有化学肥料不可比拟的优势即有机肥料长期施用具有改良土壤的作用。常用的自然肥料是我国农村广泛自制生产、小规模施用的农家肥，包括绿肥、粪肥、堆肥、沤肥、沼气肥等。农家肥的生产除规模小、自产自用外，其生产过程中一般不接入微生物菌种。近几年，有些工厂利用当地特有的有机废弃物资源，通过大规模堆肥生产有机肥料。例如，较大规模的禽畜养殖场配套建设的有机肥料生产工厂可将养殖场动物粪便变废为宝，转化为有机肥料。食用油集中产区建设的有机肥料生产工厂可利用豆粕等榨油废弃物生产有机肥料。与农家肥不同的是，大规模生产有机肥料的工厂为了缩短堆肥周期、提高堆肥效率往往在堆肥过程中接种微生物，在堆肥的高温期因高温或后期适于微生物生长繁殖的营养物质的减少而使微生物死亡，即有机肥料产品所含的微生物数量有限。

生物肥料包括广义和狭义两个概念。广义的生物肥料泛指利用生物技术制造的、具有特定肥效（或有肥效或有刺激作用）的生物制剂，其有效成分可以是特定的活体生物，也可以是生物的代谢产物或基质的转化物。活体生物既可以是微生物，也可以是动植物的组织或细胞。狭义的生物肥料就是指微生物肥料，且主要是细菌，因此也常被称为菌肥。微生物肥料由具有特殊效能的微生物经过发酵、人工大规模培养，制备成特定的菌剂。微生物肥料的本质就是含有大量有益微生物的菌剂，施入土壤后，能够固定空气中的氮元素，或能够活化土壤中已有的养分、改善土壤的应用环境，或因肥料中微生物产生某些活性物质而刺激植物的生长。微生物肥料和化学肥料的本质区别是，化学肥料直接由作物所需的 N、P、K 等养分元素组成，其作用就是直接为土壤或作物提供 N、P、K 等养分元素，而微生物肥料含有大量有益微生物的菌剂，利用这些微生物的生长繁殖间接地提供养分或刺激作物生长，但微生物肥料本身所含的养分元素有限。

综上所述，生物有机肥可以简单地视为有机肥料、微生物肥料和少量无机肥料的混合产物，但生物有机肥通过合理的配比和科学的研究，既具有了有机肥料、微生物肥料和无机肥料各自的优势，又避免了单一使用这三种肥料的不足。生物有机肥作为一种新型的绿色肥料必将在未来的农业生产中发挥重要的作用。

6.2　生物有机肥国家标准的解读

2012 年 6 月 6 日我国农业农村部发布了第 1783 号公告，对原《生物有机肥》的标准进行了修订，并颁布了《生物有机肥》国家标准 NY 884—2012，新标准从 2012 年 9 月 1 日起正式实施。NY 884—2012 作为我国现行的《生物有机肥》国家标准，与 NY 884—2004 相比主要变化为：

① 修改了有机质的质量分数，由原来的 25%提升为 40%；

② 修改了颗粒产品的水分质量分数，由原来的 15%增加为 30%；

③ 修改了产品中砷（As）、镉（Cd）、铅（Pb）、铬（Cr）、汞（Hg）限量指标。2004 版没有重金属含量限制，2012 版对这些重金属含量均有明确的限制。总砷≤15 mg/kg、总镉≤3 mg/kg、总铅≤50 mg/kg、总铬≤150 mg/kg、总汞≤2 mg/kg。

6.3　生物有机肥的功效

当前我国对化学肥料的严重依赖已不再是一个单纯的农业问题。化肥的长期和过量施用加剧了农田土壤的恶化、降低了农产品的质量，并形成了粮食不香、果蔬不甜、中药材药效不足的普遍性问题。除此之外，化肥的长期和过量施用还造成地表水富营养化、地下水硝酸盐等含量超标，甚至造成严重的水体污染。最新的研究结果表明，化肥的过量施用导致农作物未能利用的化肥扩散到空气中，对我国华北地区雾霾形成的贡献率可能超过了 20%。上述问题直接或间接地危害了我国人民的身体健康。农业的绿色、可持续发展正受到世界各国政府、科研人员和企业家的高度重视。

生物有机肥正是沿着绿色、可持续发展方向应运而生的一种新型绿色肥料。生物有机肥无公害、无污染、增产效果显著，是发展生态农业、生产健康绿色农产品的必然选择。生物有机肥既有利于农产品的增产、增收，增质、增效，又能够有效改善土壤微生态、减少化肥的用量，因此具有十分广阔的发展前景。生物有机肥的功效主要体现在以下五个方面。

6.3.1　改善作物品质，提升农产品质量

生物有机肥克服了化肥养分单一、供肥不平衡、肥效失效快等问题，将有机肥、生物肥料、无机肥料的优势结合，施用到土壤后既具有部分速效肥的功效，又通过生物有机肥带入的微生物和土壤原有的微生物为作物提供长效、适时的养分。大量的田间试验已经证明，施用生物有机肥不仅可以提高作物的产量，而且有效改善了作物的品质，提升了农产品的安全性。以生物有机肥提供的氮元素营养为例，生物有机肥所提供的氮元素营养以微生物降解其他含氮物质生产的氨或氨基酸为主，进入作物细胞后无需消耗能量和光合作用的产物，直接参与植物细胞物质的合成，所以作物快速生长，糖分等物质积累量更大，农产品的质量更好，并且生物有机肥提供的氮元素营养不易随水流失，氮元素营养的利用率高，一般不会造成水体富营养化或大气污染。

6.3.2　改善土壤理化性质，提升土壤肥力

我国耕植土的有机质含量普遍偏低，平均仅为1.8%左右，远低于欧美等农业发达国家。生物有机肥不仅能够满足作物对养分元素的需求，而且能够不断提高土壤有机质的含量。有研究表面，施用生物有机肥，可使毛细管孔隙率增加9.8%，明显改善土壤结构，提高土壤保水保肥和通气能力。同时，速效磷、速效钾、总氮、总磷含量也有一定程度的提升。生物有机肥中的有机质经微生物分解后，可生成新的腐殖质。腐殖质与土壤中的钙离子结合，形成有机-无机复合体，促进土壤中水稳性团粒结构的形成，综合调节土壤中水、肥、气、热的平衡，改善土壤结构，使土壤疏松。

6.3.3　改善土壤微生态

生物有机肥中的功能微生物包括固氮菌、解磷菌、溶磷菌、光合细菌及假单胞菌等。有些微生物具有固氮、解磷、溶磷、解钾等能力，有些微生物具有生产

大量活性物质的能力，有些微生物则具有抑制作物根系病原微生物的能力。此外，生物有机肥施入土壤后还能够调节土壤中微生物的区系组成。有研究表面，果园土壤施用生物有机肥，根系区域土壤中的细菌、真菌和放线菌的数量显著增加。这是因为新鲜的有机质进入土壤后，为微生物提供了新的能源，使土壤微生物在种群的数量与组成结构上发生了较大的变化。同时，生物有机肥自身所含的有益微生物也随生物有机肥进入土壤，并在土壤中生长繁殖。因此，施用生物有机肥也相当于向土壤中接种了有益的微生物。

6.3.4 提升土壤的供养水平

生物有机肥一般都含有固氮菌，固氮菌可将空气中的氮气还原为作物可吸收利用的氨，并且部分氮元素可转化为微生物自身和作物生长所需的氨基酸，作为长效氮肥储存在土壤中。不同固氮菌的固氮效率可能因土壤条件的不同而存在较大的差异，但是生物有机肥的固氮作用是为作物提供氮元素营养的一条有效的绿色途径。此外，生物有机肥中的解磷菌、溶磷菌、解钾菌进入土壤后与其他土壤微生物共同作用，分解土壤中某些难以被作为直接吸收利用的原生矿物质、次生矿物质或动植物的残骸，将磷、钾等养分释放到土壤，把无效的磷、钾转化为作物可吸收利用的有效养分，从而提升土壤的养分供给水平。

6.3.5 减少作物病虫害

如前所述，生物有机肥可以改变土壤的微生态及改善土壤的微生物区系，健康的土壤微生态可有效抑制或杀死土壤中隐藏的致病菌或害虫的虫卵。此外，有些生物有机肥本身还含有一些具有抗病虫功能的微生物。这些微生物进入土壤后竞争性抑制致病菌生长或在生长繁殖的过程中分泌多种抗生素或植物生长激素，从而抑制作物病原微生物活动，刺激作物生长，提升作物抗病虫害。有研究表明，利用畜牧业废弃物研制的一种生物有机肥对番茄青枯病具有明显的控制作用。在连作的对照地块番茄的青枯病发病率为 100%的情况下，施用生物有机肥的地块番茄青枯病的发病率可降至 50%以下。

6.4 生物有机肥的生产

如 6.1 节所述，生物有机肥可视为有机肥料、微生物肥料和少量无机肥料的混合产物。因此，生物有机肥的生产包括有机肥料的生产、功能微生物菌剂的发酵生产、无机肥料的生产以及将这三种肥料进行合理的混合四大部分。其中有机肥料和无机肥料的生产均有相应的国家标准，并已形成较为成熟且具有一定规模的生产技术方案，由于篇幅有限，就不再赘述，请参阅相关的国家标准或图书。生物有机肥中的功能微生物是生物有机肥生产的核心，将在 6.5 节单独进行阐述。为了发挥有机肥料、微生物肥料和无机肥料各自的优势，同时避免单一使用这三种肥料的不足，生物有机肥的生产需要将有机肥料、功能微生物菌剂和无机肥料进行合理的配比和有效的混合，本节将重点阐述生物有机肥料生产中的生物有机肥混合配比的基本原则和配制方法。

6.4.1 生物有机肥混合配比的基本原则

功能微生物菌剂是生物有机肥的核心，因此，生物有机肥生产中的功能微生物菌剂与其他肥料或物质的混合，以不伤害功能微生物活性为主要原则。

适宜的功能微生物菌剂混合一般包含以下四种情况：

（1）功能微生物菌剂之间的混合

不同功能微生物之间的混合可以实现功能上的互补，进而丰富和完善生物有机肥的生物学功能，也可以有效提升生物有机肥品质。功能微生物菌剂之间的混合以功能微生物能够共存为原则，即功能微生物菌剂之间的混合不能造成功能微生物之间产生相互抑制或严重的竞争的关系。

（2）功能微生物菌剂与有机肥料之间的混合

有机肥料与功能微生物之间一般不存在抑制关系，属于可以混合的范畴。

（3）功能微生物菌剂与无机肥料之间的混合

无机肥料本质上为含氮、磷、钾的盐类，大量的无机肥料与功能微生物之间的混合肯定会因盐度或渗透压的升高抑制或杀死功能微生物，但可选择适宜的无机肥料种类和控制无机肥料的用量，或者从工艺上避免无机肥料对微生物活性的影响，一般而言生物有机肥中的无机肥料所占的比例一般仅为 10%～20%，也可以根据作物生长需要，适当增加，同时应该避免对功能微生物的损害。此外，功能微生物施入土壤后，其生长繁殖可能需要一些特殊的微量元素。如固氮菌可添加少量的钼、铁、钴等微量元素。

（4）功能微生物菌剂与其他物质之间的混合

生物有机肥的生产除以有机肥料、功能微生物菌剂、无机肥料三大类肥料之间的混合为主外，还会添加一些微量元素以提升生物有机肥的性质或品质。如可与少量的稀土混合，以增加生物有机肥颗粒的黏合性。与石灰氮、草木灰的混合，利用其碱性中和有机肥料的酸性，从而提高生物有机肥的肥效。与过磷酸钙的混合，既增加了生物有机肥中的磷元素的含量，又使钙离子与土壤中的腐殖质结合，促进土壤中水稳性团粒结构的形成，使土壤更为疏松、通气。与无机肥料相似，在严格控制这些物质的用量前提下，功能微生物菌剂与这些物质之间的混合也属于可以混合的范畴。

不适合与功能微生物菌剂混合一般包含以下三种情况：

① 功能微生物菌剂不能与含有大量挥发氨的无机肥料混合。

② 功能微生物菌剂不能与农药、杀虫剂混合。

③ 功能微生物菌剂不能与大量过酸或过碱的物质混合。

6.4.2　生物有机肥混合配制的基本方法

（1）确定养分比例及含量

生物有机肥的养分比例与土壤肥力水平、作物种类、气候条件、耕作方式等条件有关。理论上应该按照国家测土施肥的要求，根据土壤的基本肥力水平和土壤的养分需求，确定生物有机肥的养分比例。亦可以针对某一特定种植区域的土壤特性和某种作物对养分的特殊需求，开发和生产针对某一区域或特定作物的生物有机肥。一般大棚蔬菜的水肥较多，因此可根据可溶肥的要求，进行新型生物有机肥开发。

（2）生物有机肥的配制生产

原则上生产生物有机肥一定要使肥料养分分布均匀，物料形态良好。粉剂的生产较为简单。一般要求先用粉碎机或人工将大块肥料充分粉碎、过筛，然后分别称取各种原料肥的质量，再进行充分的固体混合。原料肥的称重和混合最好采用自动化的机械设备进行，充分保证产品的质量，减少人为因素的干扰。粉末状生物有机肥生产可将有机肥料、微生物肥料和无机肥料同时均匀混合，混合后可直接施用。但颗粒状生物有机肥料的生产一般要求较高。采用有机肥料、无机肥料以及其他填充物质充分混合、造粒后，再在干燥的有机肥料-无机肥料复合肥颗粒的表面黏裹粉末状的功能微生物菌剂。为了便于机械化的施肥作业和农民播撒化肥，最好将生物有机肥制成颗粒状。为了发挥有机肥料、微生物肥料和无机肥料各自的优势，弥补单一施用这三种肥料的不足，生物有机肥的生产需要合理的配比和大量针对性的研究，本部分内容仅将生物有机肥生产中的生物有机肥混合配比的基本原则和配制方法进行了简单的阐述。实际实施过程中要按照测土施肥，进行一地一个配方的精准配制，确保氮、磷、钾的高效利用和土壤结构的有效改善。

（3）造粒新工艺

湖北都兴隆农业技术有限公司江世文博士通过大量研究提出将热筛分工艺用

于生物肥料造粒中。热筛分工艺产品经过 2 次筛分后能保证肥料颗粒的均匀性，降低冷却系统的负荷，冷却效果更好，细粉与小颗粒作为热返料更有利于造粒，采用热筛分工艺，每年比冷筛分工艺节约燃煤费用 8 万元左右。

两大关键控制点：①热筛分前的物料温度。特别是细粉量较大的情况下，细粉黏附于合格颗粒表面，物料在空气中吸湿严重，分散性变差，导致振动筛的筛网尤其是下层筛网会被糊住，不得不停车清理。因此，热筛分前的物料温度应控制在 65~70 ℃。②热筛分前的物料水分。南方夏季高温高湿，空气相对湿度高，接近于肥料的临界相对湿度，物料吸湿将会严重影响筛分效率。因此，热筛分前的物料水分含量应控制在 1%~2%，这对于防止生物有机肥结块具有重要作用。

6.5 功能微生物的发酵生产

功能微生物的筛选、培育和大规模发酵生产与制剂是生物有机肥生产的关键。生物有机肥的生产一般有两个环节涉及微生物的使用。在有机废弃物堆肥生产有机肥料的过程中，加入可促进物料分解、腐熟并兼具除臭功能的腐熟功能微生物，有助于缩短堆肥周期、提高堆肥产品质量。腐熟功能微生物一般由多种微生物复合组成。常见的菌种有光合细菌、乳酸菌、酵母菌、放线菌、青霉、木霉、根霉等。另一类功能微生物就是在物料腐熟、有机肥料生产完成后加入的具有直接或间接肥效的功能微生物，主要包括固氮菌、解磷、溶磷菌、假单胞菌、芽孢杆菌、放线菌等。生物有机肥生产企业只有掌握了相应的技术，才能加快物料的分解、腐熟，保证产品的质量，保证生物有机肥生产朝着低成本、低能耗、无污染、功能性强的方向不断发展。生物有机肥生产所需的腐熟功能菌在相关专著中已经有了较为详细的说明，本书将重点阐述具有肥效的功能微生物的获得和生产方法。

6.5.1 功能微生物的种类

功能微生物主要包含固氮微生物，解钾微生物，解磷、溶磷微生物。详细内容可参见 2.2 节，这里不再赘述。

6.5.2 功能微生物的筛选和培育

如前所述，生物有机肥生产所需的具有肥效功能的微生物一般在土壤中广泛存在，同时生物有机肥最终也将施撒并作用于土壤，所以土壤是功能微生物筛选的主要来源。生物有机肥生产所需功能微生物一般从微生态良好、植物物种丰富、施用化肥量较少的耕植土中筛选。功能微生物筛选的基本流程是将采集好的土壤样品用无菌水稀释至适宜的倍数，再将稀释制得的菌悬液涂布至具有特定功能的选择性培养基，进行筛选。选择性培养基是功能微生物筛选过程中微生物的富集、划线分离、初期微生物种子培养和功能研究所选用的最基本的培养基。下面将分别对固氮微生物、解钾微生物、解磷微生物和溶磷微生物的筛选和培育条件进行介绍。

（1）固氮微生物

选择性培养基中只需要加入碳源（如葡萄糖、蔗糖等）和少量的无机盐，不需要加入氮源，固氮微生物可直接利用空气中的氮气，以此来筛选和培育固氮微生物。典型的固氮微生物选择性培养基为无氮源的阿须贝氏培养基：$0.2\ g/L$ KH_2PO_4，$0.2\ g/L\ MgSO_4$，$0.2\ g/L\ NaCl$，$5.0\ g/L\ CaCO_3$，$10\ g/L$ 甘露醇，$0.1\ g/L$ $CaSO_4$，pH 7.0。但如果培养根瘤菌等共生固氮微生物，则需要加入氮元素营养，因为共生固氮微生物只有与相应的植物共生时才能够利用空气中的氮气进行固氮作用。有时固氮微生物的培养还需要加入部分植物的提取物。这也在一定程度上体现了自生固氮微生物在制备生物有机肥时的优势。

（2）解钾微生物

解钾微生物的选择培养基：$15\ g/L$ 蔗糖，$0.2\ g/L\ MgSO_4$，$0.1\ g/L\ CaSO_4$，$0.2\ g/L$ $NaCl$，$5\ g/L$ 钾长石粉，pH $7.0\sim7.5$。一般解钾微生物的筛选还要考虑实际应用的环境，即利用实际应用时钾矿石的存在状态，以此来选择解钾微生物培养基中钾元素的添加方式。一些对钾元素依赖性不强的微生物可能会在解钾微生物筛选培养基上生长，因此解钾微生物的筛选存在一定的困难。

（3）解磷微生物和溶磷微生物

狭义的解磷微生物的选择性培养基为蒙金娜有机磷培养基：$10.0\ g/L$ 葡萄糖，$0.5\ g/L\ (NH_4)_2SO_4$，$0.3\ g/L\ MgSO_4$，$0.03\ g/L\ MnSO_4$，$0.3\ g/L\ KCl$，$0.03\ g/L\ FeSO_4$，$0.3\ g/L\ NaCl$，$5.0\ g/L\ CaCO_3$，$0.2\ g/L$ 甘油磷酸酯，pH $7.0\sim7.5$。狭义的溶磷微生物的选择性培养基为蒙金娜无机磷培养基：$10.0\ g/L$ 葡萄糖，$0.5\ g/L\ (NH_4)_2SO_4$，$0.3\ g/L\ MgSO_4$，$0.03\ g/L\ MnSO_4$，$0.3\ g/L\ KCl$，$0.03\ g/L\ FeSO_4$，$0.3\ g/L\ NaCl$，$10.0\ g/L$ $Ca_3(PO_4)_2$，pH $7.0\sim7.5$。从培养基组成上看，二者的主要区别在于磷的种类选择，前者为有机磷甘油磷酸酯，后者为无机磷 $Ca_3(PO_4)_2$。

6.5.3　功能微生物的大规模发酵生产

上述固氮微生物，解钾微生物和解磷、溶磷微生物的选择性培养基主要用于功能微生物的筛选，从选择性培养基的组成我们可以发现选择性培养基缺少某种营养元素或添加某种不易被微生物直接利用的营养元素，而且营养物质的绝对含量较低。如果直接采用上述选择性培养基进行功能微生物的大规模发酵生产，势必会造成功能微生物生长缓慢、发酵液中获得的功能微生物菌浓度较低等问题。

幸运的是，上述功能微生物均能够在完全培养基中快速生长。以自生固氮微生物为例，其可以在氮源丰富的条件下利用易被微生物利用的氮源快速生长，而在无其他氮源的条件下利用空气中的氮气作为氮元素来源。解钾、解磷微生物同样可分别在含有易被微生物利用的钾、磷元素的培养基快速生长，而又不失去其解钾、解磷的特殊功能。因此，生物有机肥所需的功能微生物的大规模发酵生产一般采用营养较为丰富和均衡的完全培养基。可以选择较为廉价的糖蜜、玉米浆干粉等为碳源和氮源，不与人类争夺粮食。

此外，固氮微生物，解钾微生物和解磷、溶磷微生物一般为化能异养型，属于易于培养的好氧菌，可通过最为普遍的机械搅拌通风发酵罐大规模发酵生产，其培养条件也与一般的工业生产常用的好氧微生物相同，无特别需求。

生物有机肥的生产本质上就是将有机肥料、微生物肥料、无机肥料，这三种肥料进行合理的混合。其中有机肥料和无机肥料多为固体状态，所以无论是粉末状还是颗粒状生物有机肥的生产都需要将大规模发酵生产得到的发酵液（液体菌剂）制备成粉剂或者颗粒剂。为了最大限度地保留功能微生物的活体数量，生物有机肥生产中的粉剂的制备一般采用以下两种方式。

一是在发酵液中加入硅藻土等吸附剂，将发酵液中的功能微生物吸附于粉末状的载体的表面或者内部，再通过过滤等方式从发酵液中分离吸附有功能微生物的载体，最后在适宜的条件下将载体和微生物一起除水干燥，得到适宜加工生产的粉剂。采用该方法生产功能微生物菌剂的核心优势是生产成本较低，但因吸附载体的添加（吸附载体的质量一般远大于功能微生物的质量）造成制备的粉剂单位质量含有的活菌数降低，且吸附载体随生物有机肥进入土壤，并在土壤中的积累，可能会对土壤的性质造成一定的影响。二是首先将发酵液离心，获得功能微生物的菌膏或浓缩液，再将菌膏或浓缩液与麦芽糊精等填料混合，并用少量的水调配成浓度适宜的浆液，最后，浆液经喷雾干燥得到功能微生物的干粉。该方法生产功能微生物菌剂需要使用大型的碟片式离心机、离心喷雾干燥塔等设备，设备和生产成本比吸附法要高，但制备得到的干粉微生物菌剂单位质量的活菌数量较多，麦芽糊精等填料进入土壤后可被土壤微生物利用。

6.6　生物有机肥的应用及大田研究进展

据调查统计，目前我国有些土壤有机质不足 1%，远低于国际土壤有机质含量

2%～6%。各类生物有机肥中通常含有机质 45%以上，含氮 2.5%以上，含磷 2%以上，还含有各种微量元素，不但是良好的肥源，还是极好的土壤改良剂。另外，中国每年会有 6000 万吨农业有机废弃物产生，如果全部还田，至少能节省约 50%化肥，增加有机肥料，也会减少土壤所承受的压力。我们国家的耕地质量不容乐观，土壤养分转化慢、污染物积累、作物土传病害频发成为影响耕地质量的三大障碍，其中最核心的问题是土壤生物功能下降。研究发现，调控（根际）土壤微生物区系对作物高产和安全生产能够起到"四两拨千斤"的作用，即微生物对培肥土壤、对作物高产的作用不可估量，所以施用生物肥料非常适合我国国情。

6.6.1 生物有机肥在柑橘、椪柑、脐橙种植中的应用

湖北田头生物科技有限公司与三峡大学、湖北省农业科学院联合开发了新型生物有机肥，在湖北宜昌柑橘、椪柑、脐橙种植基地进行推广应用，取得良好的效果。可以减少化肥施用量 30%～50%，并使农产品维生素 C、游离氨基酸等含量增加 20%～40%，口感得到大大改善，亩产增加 20%～60%。主要品种是含有无机肥料 10%～25%的复合微生物肥料，可以满足农户一次性施肥的需要，不用自己复混无机肥料，一次施用到位。在中高端肥料中，还有含生物菌剂的水溶肥，可以满足大棚蔬菜、茶叶的种植需要，可以采用滴灌和播撒，减少化肥施用量，减少农药使用量，对推进农村振兴，建设高标准农田具有重要意义。

目前农户对生物有机肥、复合微生物肥料以及富含功能微生物的水溶肥中的微生物的特性认识不到位，在推广中还需要加大力度，并且要加大对农村技术员的培训。我国生物有机肥的推广使用还不到整个肥料市场的 10%，虽然我国在大力推进化肥农药减施技术，但是由于农户的习惯和认识不到位，生物类肥料施用还需要政府制定激励政策进行扶持，并由农业技术员大力推广。

6.6.2 生物有机肥的大田研究进展

浙江省耕地质量与肥料管理总站孔海民等研究了生物有机肥对葡萄品质、产量及土壤特性的影响，以夏黑葡萄为试材，采用大田试验的方法，用生物有机肥代替普通商品有机肥料作为底肥，追施微生物菌肥，化肥减量施用 10%，对生物有机肥对葡萄品质、产量及土壤理化性质的影响进行分析，结果表明，施用生物有机肥可明显增强植株抗病性，提高葡萄果实中的总糖含量，提升土壤肥力，促进植物生长。此外，相比于对照组，施用生物有机肥后葡萄产量增加了 11.3%，

提质增产效果显著。

　　广东省农业科学院果树研究所赖多等为改善广东产区柑橘施肥施药现状，按照"科学用量、替代减量、协同增量"的思路，优化整合相关配套措施，构建了广东产区柑橘化肥农药减量增效技术模式。该技术模式明确了水肥一体化、有机肥料替代化肥、病虫害精准测报、合理配施增效助剂、地面覆盖除草等技术要点，已经在广东柑橘产区应用推广，有效地减少了橘园化肥、农药的用量，并且在主要病虫害防控、产品产量及品质提升上取得良好效果，为广东产区柑橘的健康可持续生产提供了科学技术支撑。

　　湖南农业大学生物科学技术学院陈佳佳等为探讨化肥减施、配施生物有机肥料对花生叶片叶绿素含量、主要农艺性状、干物质积累及分配、酶活性保护、丙二醛（MDA）含量等因素的影响，采用田间小区试验，以湘花9760为研究对象，设置不施肥（CK）、纯化肥（H）、80%化肥+20%生物有机肥（I）、60%化肥+40%生物有机肥（J）、40%化肥+60%生物有机肥（K）、20%化肥+80%生物有机肥（L）、纯生物有机肥（M）7个不同的处理。结果表明，化肥减施、配施生物有机肥处理下的花生叶片叶绿素SPAD值、主茎高、第一侧枝长高于纯化肥组和其他对照组，整个生育期根、茎、叶干物质积累量及生物总量均高于对照组。配施40%生物有机肥组成熟期叶片中SOD、POD、CAT活性均高于对照组，MDA含量低于对照组，饱果数、饱果率、单株荚果产量、百仁质量均高于对照组。生物有机肥代替40%的化肥，每亩产量较对照组和纯化肥组分别提高16.65%、11.28%。表明，适宜的化肥减施可提高花生产量。

　　信阳农林学院园艺学院李蒙等以番茄品种"合作906"为试验材料，将砻糠灰、草炭、蛭石按照体积比5∶3∶2混配作为栽培基质，以不添加生物有机肥为对照组，通过添加不同量（1%、2%、4%、8%）的生物有机肥，研究其对基质的理化性状、番茄幼苗的生长指标、光合色素含量、叶绿素荧光参数和酶活性等方面的影响。结果表明，与对照组相比，施用生物有机肥可显著提高番茄幼苗根系活力和壮苗指数，番茄叶片的净光合速率、气孔导度和蒸腾速率也显著升高，以4%生物有机肥添加量效果最佳。此外，施用4%生物有机肥可显著提高番茄幼苗叶片的有效光化学效率和PSⅡ实际光化学效率，且碳酸酐酶和Rubisco酶活性也显著增强。由此可见，4%生物有机肥添加量可以调节番茄叶片的光合酶活性，增加光合色素含量，提高光合作用能力，促进番茄幼苗的生长发育，可作为番茄穴盘育苗的最适添加量。

　　我国稻麦种植面积很大，稻麦等主粮作物的种植户对有机肥料和生物有机肥的接受度低，而且受限于种植业劳动力成本上升，有机肥料和生物有机肥种植户自主施用量一直不高。生物有机肥兼具有机肥补充土壤有机质功能和补充土壤特定功能微生物作用，在经济效益、生态效益和社会效益上均优于化肥和有机肥料。南京市六合区龙袍街道农业服务中心杨凤娟技术员进行了较长时间研究。跟踪了5年水稻施用有机肥料和生物有机肥的效果，第1年施用有机肥料和生物有机肥，并没有防病和增产效果，但是种植户肥料的投入增加了17.5%～25.1%，每亩投入增加了47～68元，如果没有财政补贴的话，种植户没有意愿施用有机肥。施用第5年时，水稻出现了4.1%～11.3%的增产，每亩水稻增产收入为43～120元（水稻按照2.8元/kg计算），其中施用生物有机肥水稻每亩增加收入91～120元。由于没有给小种植户带来明显的收益增加，小种植户主动施用生物有机肥的意愿不强。因此她提出如下建议：①国家加大有机肥料和生物有机肥生产和使用的财政补贴，政府层面的推广力度不能降低；②推动国有大型农场普遍施用有机肥料和生物有机肥，鼓励种植大户施用；③推动有机肥料和生物有机肥施用机械开发，探索农业合作社、种植大户和家庭种植单位的机械使用模式；④探索有机肥料和生物有机肥机械施肥市场化操作模式。

基于以上分析，要想有效推广使用生物有机肥，在剂型上要下功夫，要便于机械化使用，和播种机同时应用是比较好的方式。针对现有播种机设计一些适用性强的颗粒生物有机肥对于在农户中推广应用至关重要。

6.7 生物有机肥的施肥方法

（1）种施法 机播时，将颗粒生物有机肥与少量化肥混匀，通过播种机施入土壤。

（2）撒施法 结合深耕或在播种时将生物有机肥均匀地施在根系集中分布的区域和经常保持湿润状态的土层中，做到土肥相融。

（3）条状沟施法 对于条播作物开沟后施肥播种或在距离果树5cm处开沟施肥。

（4）环状沟施法 对于苹果、桃、梨等幼年果树，距树干20～30cm，绕树干开一环状沟，施肥后覆土。

（5）放射状沟施法 对于苹果、桃、梨等成年果树，距树干30cm处，按果树根系伸展情况向四周开4～5个50cm长的沟，施肥后覆土。

（6）穴施法 对于点播或移栽作物，如玉米、棉花、西红柿等，将肥料施入播种穴，然后播种或移栽。

（7）蘸根法　对于移栽作物，如水稻、西红柿等，按 1 份生物有机肥加 5 份水配成肥料悬浊液，浸蘸苗根，然后定植。

（8）盖种肥法　开沟播种后，将生物有机肥均匀地覆盖在种子上面。

6.8　农村振兴与土壤改良的基本对策

6.8.1　化肥减量增效，协调养分比例，实现精准平衡施肥

重点协调好三个平衡：一是养分投入与产出的平衡；二是各种养分比例的平衡，针对土壤养分不平衡加剧、蔬菜生理病害增多等问题，需重视 Ca、B、Zn、Fe 等施用；三是施肥时期养分平衡（基肥、追肥比例与数量平衡），实现设施蔬菜养分供应与吸收的同步调控。

6.8.2　生物肥料/有机肥料/生物有机肥部分替代化肥，培肥土壤，减施化肥

土壤基础地力是激发作物增产的关键。适于区域养分特点的生物肥料/有机肥料/生物有机肥与化肥优化配施（或菌剂/高碳有机肥料与化肥优化配施），能稳定提升土壤功能，加速养分循环利用，减施化肥，协调土壤养分与能量之间的平衡，提高土壤有机质，使设施菜田土壤能保证高效生产和被持续利用。

6.8.3　推广水肥一体化技术，节水节肥，克服土壤盐化

水肥一体化技术是未来农业中具有广阔前景的新技术，是设施蔬菜生产中最具潜力的技术。应推广适于区域、作物特点的以平衡水肥为核心的水肥一体化技术。按设施蔬菜生长各阶段对养分的需求和土壤养分的供给状况，将融为一体的水肥适时、定量、均匀、准确地输送到蔬菜根部土壤，具有节工、节水、节肥、节药、高产、高效、优质、环保等优点。但是目前市场上水溶肥主要是无机水溶肥，又称大元素肥，而抗菌、改良土壤和根系作用的肥料较少。开发集生物有机肥、水溶肥、有机肥料的优势于一体的新型水溶肥，对于减少化肥施用具有重要意义。

6.9　生物有机肥在绿色食品生产中的作用

　　随着人民生活水平的不断提高，尤其是人们对生活质量要求的提高，全球都在积极发展绿色农业（生态有机农业）来生产安全、无公害的绿色食品。

　　生产绿色食品过程中要求不用或尽量少用（或限量使用）化学肥料、化学农药和其他化学物质。大量使用生物有机肥是保护环境、提升食品品质、保证绿色食品质量的关键。

参 考 文 献

[1] 陈笑雪, 王智源, 管仪庆, 等. 淡水环境中抗生素抗性基因的来源、归趋和风险[J]. 生态毒理学报, 2021, 16(3): 14-27.

[2] 朱永官, 陈青林, 苏建强, 等. 环境中抗生素与抗性基因组的研究[J]. 科学观察, 2017, 12(6): 60-62.

[3] 王玉虎, 赵明敏, 郑红丽. 植物内生固氮菌及其固氮机理研究进展[J]. 生物技术进展, 2022, 12(1): 17-26.

[4] 曹晶晶, 熊惘梓, 钞亚鹏, 等. 极耐盐碱固氮菌的分离鉴定及固氮特性研究[J]. 微生物学报, 2021, 61(11): 3483-3495.

[5] 王丽花, 杨秀梅, 谭程仁, 等. 枯草芽孢杆菌 Y1336 对月季白粉病防效及土壤元素含量的影响[J]. 西南农业学报, 2018, 31(12): 2569-2574.

[6] 李秀明. 生防木霉菌 T4 和枯草芽孢杆菌 B99-2 制剂的研制及田间试验[D]. 上海：华东理工大学, 2013.

[7] 尹汉文. 枯草芽孢杆菌提高黄瓜耐盐性的研究[D]. 南京：南京农业大学, 2006.

[8] 蔡学清, 何红, 胡方平. 双抗标记法测定枯草芽孢杆菌 BS-2 和 BS-1 在辣椒体内的定殖动态[J]. 福建农业大学学报, 2003(1): 41-45.

[9] 韩晓阳, 周波, 董玉惠, 等. 山东茶园土壤高活性解钾细菌的筛选鉴定及肥效研究[J]. 茶叶科学, 2018, 38(1): 78-86.

[10] 闫志宇, 翟蓓蓓, 张娟, 等. 乙草胺降解菌 *Bacillus subtilis* L3 的土壤修复效果研究[J]. 中国农业科技导报, 2016, 18(2): 65-71.

[11] 周亮成, 李运, 李卓苗, 等. 枯草芽孢杆菌 BSF01 菌剂制备及对高效氯氰菊酯的降解效果[J]. 华南农业大学学报, 2018, 39(3): 54-59.

[12] 乔宏兴, 史洪涛, 姜亚乐, 等. 2 株枯草芽孢杆菌协同降解黄曲霉毒素 B1 的效果[J]. 中国兽医学报, 2017, 37(12): 2397-2401.

[13] 蒋一秀, 李尚民, 范建华, 等. 枯草芽孢杆菌对如皋黄鸡肠道 pH 值、养分表观消化率及粪便中氨气和硫化氢释放量的影响[J]. 中国家禽, 2018, 40(19): 32-35.

[14] 祝天龙, 李奎, 邵强, 等. 枯草芽孢杆菌制剂对仔猪生长及免疫的影响[J]. 饲料研究, 2015(3): 26-31.

[15] 王雯. 拮抗胶冻样类芽孢杆菌 CX-7 菌株的筛选与抗菌蛋白的分离[D]. 保定：河北农业大学, 2012.

[16] 陈慧君. 微生物肥料菌种应用与效果分析[D]. 北京：中国农业科学院, 2013.

[17] 张爱民, 张双凤, 赵钢勇, 等. 胶冻样类芽孢杆菌 CX-9 菌株肥料制剂的研制及在烟草上的应用[J]. 河北大学学报(自然科学版), 2013, 33(4): 387-393.

[18] 胡亮亮, 徐汉虹, 廖美德. 胶冻样类芽孢杆菌 PS04 产抗真菌物质培养条件的优化[J]. 华中农业大学学报, 2011, 30(3): 276-279.

[19] 赵远征, 王东, 徐利敏, 等. 不同微生物菌剂对马铃薯黑痣病的田间防效比较[J]. 中国植保导刊, 2020, 40(9): 90-92.

[20] 王小敏, 刘文菊, 李博文. 巨大芽孢杆菌与胶冻样类芽孢杆菌对土壤镉的活化效果研究[J]. 水土保持学报, 2013, 27(6): 83-88.

[21] 纪宏伟, 王小敏, 赵英男, 等. 巨大/胶冻样类芽孢杆菌对印度芥菜修复 Cd 污染土壤的影响[J]. 水土保持学报, 2015, 29(2): 215-219.

[22] 丁海涛, 李顺鹏, 沈标, 等. 拟除虫菊酯类农药残留降解菌的筛选及其生理特性研究[J]. 土壤学报, 2003(1): 123-129.

[23] 周鸣, 刘云国, 李欣, 等. 地衣芽孢杆菌(*Bacillus licheniformis*)对 Cr^{6+} 的吸附动力学研究[J]. 应用与环境生物学报, 2006(1): 84-87.

[24] 赵树民, 李晓东, 虞方伯, 等. 巨大芽孢杆菌 LY02 对黑麦草修复重金属污染土壤的影响[J]. 水土保持学报, 2017, 31(5): 340-344.

[25] 耿婧, 于少云, 寇尧, 等. 菲降解菌巨大芽孢杆菌在土壤中的运移规律[J]. 化工进展, 2013, 32(S1): 229-233.

[26] 刘莹. 巨大芽孢杆菌的固定化及杀虫单污染土壤的修复[D]. 天津: 天津理工大学, 2005.

[27] 张冰, 刘杰, 蒋萍萍, 等. 巨大芽孢杆菌与柠檬酸联合强化青葙修复镉污染土壤研究[J]. 农业环境科学学报, 2021, 40(3): 552-561.

[28] 周荣金, 秦健, 杨茂英, 等. 巨大芽孢杆菌 B196 菌株分泌的 Iturin A2 对水稻纹枯病的防治作用[J]. 广东农业科学, 2014, 41(4): 96-99.

[29] 孔青, 迟晨, 单世华, 等. 花生中巨大芽孢杆菌对黄曲霉毒素合成相关基因的抑制[J]. 浙江大学学报(农业与生命科学版), 2015, 41(5): 567-576.

[30] 孔青, 刘奇正, 耿娟, 等. 海洋巨大芽孢杆菌抑制黄曲霉毒素的生物合成[J]. 食品工业科技, 2010, 31(8): 132-134.

[31] 赵妗颐. 巨大芽孢杆菌拮抗白绢病的选育及机制研究[D]. 贵阳: 贵州大学, 2020.

[32] 张新建, 黄玉杰, 杨合同, 等. 通过导入几丁质酶基因提高巨大芽孢杆菌的生防效果[J]. 云南植物研究, 2007(6): 666-670.

[33] 李昊. 巨大芽孢杆菌絮凝剂的制备及其处理重金属废水的实验研究[D]. 昆明: 昆明理工大学, 2015.

[34] 匡群, 孙梅, 张维娜, 等. 巨大芽孢杆菌 JSSW-JD 的生物学特性及对养殖水体氮磷的影响[J]. 江苏农业科学, 2013, 41(4): 222-225.

[35] 丁文骏, 王强, 戴美梅, 等. 巨大芽孢杆菌 1259 制剂对比丝兰素、枯草芽孢杆菌对产蛋鸡生产性能及排泄物中氨氮含量的影响[J]. 动物营养学报, 2016, 28(5): 1566-1572.

[36] 王德培, 孟慧, 管叙龙, 等. 解淀粉芽孢杆菌 BI_2 的鉴定及其对黄曲霉的抑制作用[J]. 天津科技大学学报, 2010, 25(6): 5-9.

[37] 孙力军, 陆兆新, 别小妹, 等. 培养基对解淀粉芽孢杆菌 ES-2 菌株产抗菌脂肽的影响[J]. 中国农业科学, 2008(10): 3389-3398.

[38] 耿阳阳, 徐俐, 刘昕, 等. 解淀粉芽孢杆菌发酵液在鲜核桃保鲜中的应用[J]. 食品与发酵工业, 2013, 39(9): 214-218.

[39] 姚佳明, 田亚平. 解淀粉芽孢杆菌抑菌肽的分离鉴定及其抑菌谱表征[J]. 食品科学, 2020, 41(16): 126-131.

[40] 王培松. 解淀粉芽孢杆菌 MG-3 抗菌蛋白的纯化与性质研究[D]. 福州: 福州大学, 2018.

[41] 薛松. 解淀粉芽孢杆菌在番茄上的定殖及拮抗青枯病的研究[D]. 海口: 海南大学, 2017.

[42] 唐小波, 杨晓尧, 潘康成. 产植酸酶芽孢杆菌的筛选及对肉鸡生长性能的影响[J]. 中国畜牧杂志, 2013, 49(1): 60-64.

[43] 谭文捷, 李发生, 杜晓明, 等. 解淀粉芽孢杆菌对水中丁草胺的降解及影响[J]. 环境科学研究, 2005(3): 71-74.

[44] 曹海鹏, 周呈祥, 何珊, 等. 具有降解亚硝酸盐活性的解淀粉芽孢杆菌的分离与安全性分析[J]. 环境污染与防治, 2013, 35(6): 16-21.

[45] 王淑培. 桔梅奇酵母 *Metschnikowia citriensis* 对柑橘果实采后酸腐病的控制效果及作用机制研究[D]. 重庆: 西南大学, 2020.

[46] 刘才宇, 朱培蕾, 张玉, 等. 芽孢杆菌与酵母复合物对高山辣椒生长发育及土壤理化性状的影响[J]. 安徽农业科学, 2016, 44(29): 110-111.

[47] 胡宗福, 朱宏吉. 解磷酵母 *Pichia farinose* FL7 用于镍污染土壤植物提取的研究[J]. 中国生物工程杂志, 2015, 35(11): 36-45.

[48] 刘亚苓, 于营, 鲁海坤, 等. 侧孢短芽孢杆菌 S2-31 拮抗下细辛叶枯病菌转录组差异表达分析[J]. 生物技术通

报, 2021, 37(2): 111-121.

[49] 李国敬. 海洋侧孢短芽孢杆菌(AMCC10172)生物有机肥对干旱条件下玉米生长发育影响的研究[D]. 泰安: 山东农业大学, 2013.

[50] 赵子郡, 李明堂, 李想, 等. 侧孢短芽孢杆菌 ZN5 对土壤中含铅碳酸盐沉淀的诱导及其稳定性研究[J]. 吉林农业大学学报: 2022, 3(4): 1-11.

[51] 马东. 细黄链霉菌 AMYa-008 固态发酵工艺优化及生防微生态制剂的开发[D]. 济南: 齐鲁工业大学, 2018.

[52] 李宾, 赵从波, 罗同阳. 细黄链霉菌抑制草莓重茬病的效果研究[J]. 现代农业科技, 2013(20): 113-114.

[53] 许英俊, 薛泉宏, 邢胜利, 等. 3 株放线菌对草莓的促生作用及对 PPO 活性的影响[J]. 西北农业学报, 2008(1): 129-136.

[54] 李堆娥, 冀玉良. 细黄链霉菌与氮磷钾肥配施对桔梗幼苗的影响[J]. 广西林业科学, 2018, 47(2): 155-158.

[55] 郭建军, 张永江, 丁方军, 等. 细黄链霉菌(AMCC 400001)对油菜促生作用研究[J]. 长江蔬菜, 2013(24): 58-61.

[56] 满兆红, 都启晶, 姜彦君, 等. 一株鸡源嗜铅乳酸菌的筛选鉴定[J]. 山东农业科学, 2014, 46(2): 72-76, 81.

[57] 闫励. 负载植物乳杆菌的活性营养土对铅污染土壤修复研究[D]. 西安: 西北大学, 2019.

[58] 梁海威. 植物乳杆菌培养物对肉鸡的饲喂效果[D]. 长春: 吉林农业大学, 2015.

[59] 敖晓琳, 蔡义民, 胡爱华, 等. 接种植物乳杆菌(Lactobacillus plantarum)对小规模饲料稻青贮品质的影响[J]. 微生物学通报, 2014, 41(6): 1125-1131.

[60] 马成杰, 杜昭平, 华宝珍, 等. 植物乳杆菌ST-III在豆乳中的发酵特性及发酵豆乳的贮藏稳定性[J]. 食品科学, 2013, 34(5): 151-155.

[61] 张庆. 植物乳杆菌燕麦酸面团发酵过程及其面包烘焙特性研究[D]. 无锡: 江南大学, 2012.

[62] 向杰. 黑曲霉分解难溶性磷酸盐的强化研究[D]. 武汉: 武汉工程大学, 2016.

[63] 张丽珍, 樊晶晶, 牛伟, 等. 盐碱地柠条根围土中黑曲霉的分离鉴定及解磷能力测定[J]. 生态学报, 2011, 31(24): 7571-7578.

[64] 吴高洋, 陈伏生, 万松泽, 等. 毛竹根际新黑曲霉的解磷特性及促生作用[J]. 林业科学研究, 2019, 32(4): 144-151.

[65] 王佳颖, 郑宇, 王振梅, 等. 黑曲霉 YF1 菌株固体菌剂对烟嘧磺隆降解效果研究[J]. 河北农业大学学报, 2020, 43(6): 95-100.

[66] 袁怀瑜. 黑曲霉 YAT1 降解氯氰菊酯及 3-苯氧基苯甲酸特性和途径的初步研究[D]. 重庆: 四川农业大学, 2012.

[67] 李阳, 孙庆元, 宗娟, 等. 一株降解氟磺胺草醚的黑曲霉菌特性[J]. 农药, 2009, 48(12): 878-880, 882.

[68] 樊娟, 卫国羽, 张洪珍, 等. 自研型黑曲霉丸化种衣剂对高粱种子萌发及幼苗生长的影响[J]. 江西农业大学学报, 2021, 43(1): 25-32.

[69] 刘芳, 肖洋, 李祝, 等. 黑曲霉孢子粉粗提物对两种植物病菌的抑制作用[J]. 中国酿造, 2016, 35(10): 103-106.

[70] 陈仕伟. 黑曲霉、绿色木霉的诱变选育及其在秸秆腐熟剂中的应用初探[D]. 武汉: 华中农业大学, 2013.

[71] 姚义. 纤维素分解复合菌系的构建、筛选及特性研究[D]. 宜昌: 三峡大学, 2017.

[72] 朱玉玺. 纤维素优良降解菌的筛选分离及其特性研究[D]. 西安: 西安建筑科技大学, 2005.

[73] 周娜. 生物质糖化技术研究[D]. 天津: 天津大学, 2012.

[74] 孙鸿金. 纤维素酶生产菌种的筛选鉴定与发酵产酶优化[D]. 大连: 大连理工大学, 2011.

[75] 吕育财, 李宁, 罗彬, 等. 温度及碳源对纤维素分解菌群分解活性与稳定性的影响[J]. 中国农业大学学报, 2013, 18(6): 35-41.

[76] PRASAD S, SINGH A, JOSHI H C. Ethanol as an alternative fuel from agricultural, industrial and urban residues[J]. Resources Conservation and Recycling, 2007, 50(1): 1-39.

[77] 何艳峰. 用于提高稻草厌氧消化性能的固态氢氧化钠化学预处理方法与机理研究[D]. 北京: 北京化工大学, 2008.

[78] 刘睿. 油料秸秆多菌共发酵降解体系的建立及初步应用[D]. 武汉: 中国农业科学院, 2009.

[79] 曲音波. 纤维素乙醇产业化[J]. 化学进展, 2007, 19(8): 1098-1108.

[80] 程序, 朱万斌. 产业沼气——我国可再生能源家族中的"奇兵"[J]. 中外能源, 2011, 16(1): 37-42.

[81] 王爱杰, 曹广丽, 徐诚蛟, 等. 木质纤维素生物转化产氢技术现状与发展趋势[J]. 生物工程学报, 2010, 26(7): 931-941.

[82] ZYABREVA V N, ISAKOVA E P, BIRYUKOV V V. Selection of a mixed culture of cellulitic thermophilic anaerobes from various natural sources[J]. Applied Biochemistry and Microbiology, 2001(4): 363-367.

[83] WEN Z, WEI L, CHEN S L. Hydrolysis of animal manure lignocellulosics for reducing sugar production[J]. Bioresource Technology, 2004(91): 31-39.

[84] 张力田. 碳水化合物化学[M]. 北京: 轻工业出版社, 1988.

[85] 于跃, 张剑. 纤维素酶降解纤维素机理的研究进展[J]. 化学通报, 2016, 79: 118-122.

[86] 辛玮. 作物秸秆的微生物降解与转化利用[D]. 济南: 山东大学, 2005.

[87] 邱雁临. 纤维素酶的研究和应用前景[J]. 粮食与饲料工业, 2001, 8: 30-31.

[88] 孙一博. 高效纤维素降解菌的筛选鉴定及特性研究[D]. 哈尔滨: 东北林业大学, 2013.

[89] 梁永信, 马永轩, 王德洪. 射线衍射法研究木材纤维结晶度[J]. 东北林业大学学报, 1986, 14(12): 12-15.

[90] WILSON D B. Studies of *Thermobifida fusca* plant cell wall degrading enzymes[J]. Chem Rec, 2004, 4: 72-82.

[91] 王巧兰, 郭刚, 林范学. 纤维素酶研究综述[J]. 湖北农业科学, 2004, 3: 14-19.

[92] ZHANG Y H P, LYND L R. Toward an aggregated understanding of enzymatic hydrolysis of cellulose: noncomplexed cellulase systems[J]. Biotechnol Bioeng, 2004, 88: 797-824.

[93] ZHANG Y H P, LYND L R. Regulation of cellulase synthesis in batch and continuous cultures of *Clostridium thermocellum*[J]. J Bacterial, 2005, 187: 99-106.

[94] LYND L R, WEIMER P J, van ZYL W H, et al. Microbial cellulose utilization: fundamentals and biotechnology[J]. Microbiol Mol Biol Rev, 2002, 66(3): 506-577.

[95] 王士强, 顾春梅, 赵海红. 木质纤维素生物降解机理及其降解菌筛选方法研究进展[J]. 华北农学报, 2010, 25(增刊): 313-317.

[96] KAUR J, CHADHA B S, KUMAR B A, et al. Purification and characterization of β-glucosidase from *Melanocarpus* sp. MTCC3922[J]. Electron J Biotechnol, 2007, 10(2): 260-270.

[97] ZHANG Y H, HIMMEL M E, MIELENZ J R, et al. Outlook for cellulase improvement: Screening and selection strategies[J]. Biotechnology Advances, 2006, 24(5): 452-481.

[98] BAYER E A, KENIG R, LAMED R. Adherence of *Clostridium thermocellum* to cellulose[J]. J Bacteriol, 1983, 156(2): 818-827.

[99] 王金兰, 王禄山, 刘巍峰, 等. 降解纤维素的"超分子机器"研究进展[J]. 生物化学与生物物理进展, 2011, 1: 28-35.

[100] 李爽, 吴宪明, 陈红漫, 等. 梭热杆菌纤维小体研究进展[J]. 生物技术通报, 2011, 5: 31-37.

[101] 郝敏, 李慧, 黄恒猛, 等. 纤维小体研究进展[J]. 化学与生物工程, 2014, 2: 4-7.

[102] 梁朝宁, 薛燕芬, 马延和. 微生物降解利用木质纤维素的协同作用[J]. 生物工程学报, 2010, 10: 1327-1332.

[103] 窦全林, 陈刚. 纤维素酶的研究进展及应用前景[J]. 畜牧与饲料科学, 2006, 5: 58-61.

[104] 王翾. 微生物纤维素酶及其降解纤维素机理的研究进展[J]. 陕西农业科学, 2010, 3: 86-88.

[105] 赵海峰. 液体深层发酵产纤维二糖酶及其在木质纤维素协同水解中的应用[D]. 杭州: 浙江大学, 2012.

[106] 李明华, 张大伟, 楚杰, 等. 饲料纤维素酶的研究与应用进展[J]. 饲料与畜牧, 2006, 7: 28-32.

[107] 杨培周, 姜绍通, 郑志, 等. 4种工业微生物产纤维素酶酶学特性的比较研究[J]. 可再生能源, 2011, 4: 68-71.

[108] STOCKTON B C, MITCHELL D J, GROHMANN K, et al. Optimum β-D-glucosidase supplementation of cellulase for efficient conversion of cellulose to glucose[J]. Biotechnol Lett, 1991, 13(1): 57-62.

[109] 焦蕊, 贺丽敏, 许长新, 等. 纤维素生物降解的研究进展[J]. 河北农业科学, 2009, 9: 46-48.

[110] 路鹏. 纤维素分解菌复合系 MC1 的发酵特性及其调控[D]. 北京: 中国农业大学, 2003.

[111] MORGAVI D P, SAKURADA M, MIZOKAMI M, et al. Effects of ruminal protozoa on cellulose degradation and the growth of an anaerobic ruminal fungus *Promises* sp. strain OTS1 *in vitro*[J]. Applied and Environmental Microbiology, 1994, 60(10): 3718-3723.

[112] SHIRATORI H, IKENO H. Isolation and characterization of a new *Clostridium* sp. that performs effective cellulosic waste digestion in a thermophilic methanogenic bioreactor[J]. Applied and Environmental Microbiology, 2006, 72(5): 3702-3709.

[113] HALSALL D M, GIBSON A H. Cellulose decomposition and associated nitrogen fixation by mixed cultures of *Cellulomonas gelida* and *Azospirillum* species or *Bacillus macerans*[J]. Applied and Environmental Microbiology, 1985, 50(4): 1021-1026.

[114] LYU Y C, WANG X F, LI N, et al. Characterization of the effective cellulose degrading strain CTL-6[J]. Journal of Environmental Sciences, 2011, 23(4): 649-655.

[115] 罗辉. 高效厌氧纤维素降解菌的筛选, 复合菌系的构建及应用研究[D]. 武汉: 中国农业科学院, 2008.

[116] 刘丽辉, 彭桂香, 黄洋, 等. 高效稳定复合菌降解纤维素的研究[J]. 山东化工, 2015, 44(4): 6-9.

[117] WEIMER P J, ZEIKUS J G. Fermentation of cellulose and cellobiose by *Clostridium thermocellum* in the absence of *Methanobacterium thermoauto* trophicum[J]. Applied and Environmental Microbiology, 1977, 33(2): 289-297.

[118] ODOM J M, WALL J D. Photoproduction of H_2 from cellulose by an anaerobic bacterial coculture[J]. Applied and Environmental Microbiology, 1983, 45: 1300-1305.

[119] SOUNDAR S, CHANDRA T S. Anaerobic digestion of cellulose by pure and mixed bacterial cultures[J]. Journal of Industrial Microbiology and Biotechnology, 1990, 5(5): 269-276.

[120] 史玉英, 沈其荣, 娄无忌, 等. 纤维素分解菌群的分离和筛选[J]. 南京农业大学学报, 1996, 19(3): 59-62.

[121] ZYABREVA N V, ISAKOVA E P, BIRYUKOV V V. Selection of a mixed culture of cellulolytic *Thermophilic Anaerobes* from various natural sources[J]. Applied Biochemistry and Microbiology, 2001, 37(4): 363-367.

[122] HARUTA S, CUI Z J, HUANG Z, et al. Construction of a stable microbial commuity with high cellulose-degradation ability[J]. Apply and Environmental Microbiotechnol, 2002, 59: 529-534.

[123] 崔宗均, 李美丹, 朴哲, 等. 一组高效稳定纤维素分解菌复合系 MC1 的筛选及功能[J]. 环境科学, 2002, 3: 36-39.

[124] 王伟东, 王小芬, 高丽娟, 等. 高效稳定纤维素分解菌复合系 WSC-6 的筛选及其功能[J]. 黑龙江八一农垦大学学报, 2005, 3: 14-17.

[125] LYU Y C, LI N, YUAN X F, et al. Enhancing the cellulose-degrading activity of cellulolytic bacteria CTL-6 (*Clostridium thermocellum*) by co-culture with non-cellulolytic bacteria W2-10 (*Geobacillus* sp.)[J]. Applied Biochemistry Microbiology, 2013(171): 1578-1588.

[126] Wu J M, MA A Z, CUI M M, et al. Bioconversion of cellulose to methane by a consortium consisting of four microbial strains[J]. Environmental Science, 2014, 35(1): 327-333.

[127] HARUTA S, CUI Z, HUANG Z, et al. Construction of a stable microbial community with high cellulose-degradation ability[J]. Applied Microbiology and Biotechnology, 2002, 59(4): 529-534.

[128] AHRING B. Perspectives for anaerobic digestion biomethanation[J]. Bioresource Techno, 2011, 102: 877-882.

[129] KELLER L, SURETTE M G. Communication in bacteria: an ecological and evolutionary perspective[J]. Nature Reviews Microbiology, 2006, 4: 249-258.

[130] CHEIRSILP B, SHIMIZU H, SHIOYA S. Enhancedkefiran production by mixed culture of *Lactobacillus kefiranofaciens* and *Saccharomyces cerevisiae*[J]. Journal of Biotechnology, 2003, 100: 43-53.

[131] MAKI M, LEUNG K T, QIN W. The prospects of cellulase-producing bacteria for the bioconversion of

lignocellulosic biomass[J]. International Journal of Biological Sciences, 2009, 5: 500-516.

[132] QIAN M, TIAN S, LI X, et al. Ethanol production from dilute-acid softwood hydrolysate by co-culture[J]. Applied Biochemistry and Biotechnology, 2006, 134: 273-284.

[133] 夏黎明. 固态发酵生产高活力纤维二糖酶[J]. 食品与发酵工业, 1999, 2: 3-7.

[134] SUN Y, CHENG J. Hydrolysis of lignocellulosic materials for ethanol production: a review[J]. Bioresource Technology, 2002, 83: 1-11.

[135] YAMAMOTO K, HARUTA S, KATO S, et al. Determinative factors of competitive advantage between aerobic bacteria for niches at the air-liquid interface[J]. Microbes and Environment, 2010, 25(4): 317-320.

[136] COOK K L, GARLAND J L, LAYTON A C, et al. Effect of microbial species richness on community stability and community function in a model plant-based wastewater processing system[J]. Microbial Ecology, 2006, 52(4): 725-737.

[137] KATO S, HARUTA S, CUI Z, et al. Network relationships of bacteria in a stable mixed culture[J]. Microbial Ecology, 2008, 56: 403-411.

[138] HARUTA S, KATO S. Intertwined interspecies relationships: approaches to untangle the microbial network[J]. Environmental Microbiology, 2009, 11(12): 2963-2969.

[139] 吕育财, 朱万斌, 崔宗均, 等. 纤维素分解菌复合系 WDC2 分解小麦秸秆的特性及菌群多样性[J]. 中国农业大学学报, 2009, 14(5): 40-46.

[140] 万里. 嗜热硫酸盐还原菌的分离鉴定及其生长抑制研究[D]. 武汉: 武汉理工大学, 2010.

[141] 夏服宝, 邱雁临, 孙宪迅. 纤维素酶活力测定条件研究[J]. 饲料工业, 2005, 26(16): 23-26.

[142] 武玉波, 冯秀燕. 木聚糖酶活测定方法的研究[J]. 中国饲料, 2008(4): 34-36.

[143] BRADFORD M M. A rapid and sensitive method for the quantitation of microgram quantities of protein utilizing the principle of protein-dye binding[J]. Analytical Biochemistry, 1976(72): 248-254.

[144] 谷文超. 铬酸钡光度法测定水中 SO_4^{2-}[J]. 工业水处理, 1988, 6: 58-59.

[145] 黄嘉亮. 铬酸钡分光光度法和间接原子吸收法测定水中硫酸盐的比较[J]. 北方环境, 2011, 9: 194-195.

[146] 姚义, 吕育财, 龚大丽, 等. *Clostridium thermocellum* 与 *Bacillus licheniformis* 共培养分解纤维素的性质[J]. 微生物学通报, 2017, 44(10): 2361-2369.

[147] 姜艳, 范桂芳, 杜然, 等. 高效液相色谱法测定菌群降解纤维素产物中的糖、有机酸和醇[J]. 色谱, 2015, 33(8): 805-808.

[148] 周德庆. 微生物学实验教程[M]. 第 2 版. 北京: 高等教育出版社, 2002: 130-131.

[149] FIELD C B, CAMPBELL J E, LOBELL D B. Biomass energy: the scale of the potential resource[J]. Trends in Ecology & Evolution, 2008, 23(2): 65-72.

[150] KONGRUANG S, HAN M J, BRETON C I G, et al. Quantitative analysis of cellulose-reducing ends[J]. Applied Biochemistry and Microbiology, 2004(116): 213-231.

[151] 刘长莉, 王小芬, 牛俊玲, 等. 一组纤维素分解菌复合系 NSC-7 的酶活表达特性[J]. 微生物学通报, 2008, 5: 720-724.

[152] 余祖华, 丁轲, 侯奎, 等. 产纤维素酶地衣芽孢杆菌 B. LY02 摇瓶发酵条件优化[J]. 河南科技大学学报(自然科学版), 2016, 37(4): 76-81.

[153] 杨阳, 张付云, 苍桂璀, 等. 地衣芽孢杆菌生物活性物质应用研究进展[J]. 生物技术进展, 2013, 3(1): 22-26.

[154] 吕育财, 李宁, 罗彬, 等. 温度及碳源对纤维素分解菌群分解活性与稳定性的影响[J]. 中国农业大学学报, 2013, 18(6): 35-41.

[155] 王伟东, 王小芬, 刘长莉, 等. 木质纤维素分解菌复合系 WSC-6 分解稻秆过程中的产物及 pH 动态[J]. 环境科学, 2008, 29(1): 219-224.

[156] KATO S, HARUTA S, CUI Z, et al. Effective cellulose degradation by a mixed-culture system composed of a

cellulolytic *Clostridium* and aerobic non-cellulolytic bacteria[J]. FEMS Microbiology Ecology, 2004, 51(1): 133-142.

[157] KATO S, HARUTA S, CUI Z J, et al. Stable coexistence of five bacterial strains as a cellulose-degrading community[J]. Applied and Environmental Microbiology, 2005, 71(11): 7099-7710.

[158] SUN Y, CHENG J. Hydrolysis of lignocellulosic materials for ethanol production: a review[J]. Bioresource Technology, 2002(83): 1-11.

[159] 李莹, 董桂军, 方旭, 等. 简化的纤维素分解复合菌系 F1 的菌株组成动态[J]. 环境科学与技术, 2016, 39(8): 35-39.

[160] 张杨, 李莹, 艾士奇, 等. 基于 WSC-9 的人工组建的简化复合菌系的纤维素分解能力与酶活特性[J]. 黑龙江八一农垦大学学报, 2016, 28(2): 80-84.

[161] 赵银瓶. 厌氧纤维素降解复合菌系群落结构及功能微生物研究[D]. 成都: 中国农业科学院, 2012.

[162] 刘长莉, 王小芬, 牛俊玲, 等. 一组多功能细菌复合系 NSC-7 的培养特性及稳定性[J]. 微生物学通报, 2008, 5: 725-730.

[163] 温雪, 付博锐, 王彦杰, 等. 纤维素分解复合菌系 WSC-9 中厌氧细菌的分离[J]. 东北农业大学学报, 2013, 2: 47-52.

[164] 左群. 一株 Cr(VI) 还原细菌的性质及其 ARTP 诱变优化 Cr(VI) 还原能力的研究[D]. 宜昌: 三峡大学, 2021.

[165] 宋玄, 李裕, 张茹. 铬污染土壤修复技术研究[J]. 山西化工, 2014, 34(1): 86-88.

[166] 李景岩, 张爱君. 微量元素与健康[J]. 中国地方病防治杂志, 2003, 18(2): 94-97.

[167] 姚呈虹. 关注饮食中的微量元素铬[J]. 山西老年, 2017(3): 57.

[168] 杨朝菊, 董春霞, 王树松. 微量元素铬与代谢综合征相关疾病的研究进展[J]. 疑难病杂志, 2015, 14(1): 93-96.

[169] 陈思婧. 微量元素铬与 2 型糖尿病及代谢综合征的关联性研究[D]. 武汉: 华中科技大学, 2017.

[170] 雷建森. 六价铬在土壤中的吸附特性及风险评价研究[D]. 长春: 吉林大学, 2015.

[171] 王晓波, 李建国, 刘冬英, 等. 广州市市售大米中铬污染水平及健康风险评价[J]. 中国食品卫生杂志, 2015, 27(1): 75-78.

[172] 王兴润, 李磊, 颜湘华, 等. 铬污染场地修复技术进展[J]. 环境工程, 2020, 38(6): 1-8, 23.

[173] 邹道锋. 制革工业废水污染治理现状及对策[J]. 绿色环保建材, 2020(11): 54-55.

[174] 王廷涛, 郭贝, 郝鹏举, 等. 某铬渣堆场污染土壤及地下水修复工程实例[J]. 中国环保产业, 2021(2): 66-69.

[175] 陈孜涵, 汪丙国, 师崇文, 等. 镉污染土壤淋洗剂研究进展[J]. 安全与环境工程, 2021, 28(2): 187-195.

[176] 卞志强. 污染土壤修复技术研究进展[J]. 皮革制作与环保科技, 2020, 1(13): 86-90.

[177] 武越. 土壤重金属污染修复技术的研究进展[J]. 化工管理, 2020(31): 51-52.

[178] 王廷涛, 郭贝, 赵志辉. 铬污染土壤原位修复技术试验研究[J]. 中国环保产业, 2021(1): 61-64.

[179] 李冰, 王昌全, 江连强, 等. 化学改良剂对稻草猪粪堆肥氨气释放规律及其腐熟进程的影响[J]. 农业环境科学学报, 2008(4): 1653-1661.

[180] 景生鹏, 黄占斌, 景伟东. 化学改良剂对矿区重金属 Pb、Cd 污染土壤治理的作用[J]. 资源开发与市场, 2016, 32(1): 72-76.

[181] 林力夫, 杨少波. 酸化土壤化学改良剂的筛选分析[J]. 现代农业, 2017(2): 30-31.

[182] 杨文瑜, 聂呈荣, 邓日烈. 化学改良剂对镉污染土壤治理效果的研究进展[J]. 佛山科学技术学院学报(自然科学版), 2010, 28(6): 7-12.

[183] 李亚娇, 温猛, 李家科, 等. 土壤污染修复技术研究进展[J]. 环境监测管理与技术, 2018, 30(5): 8-14.

[184] 张峰, 马烈, 张芝兰, 等. 化学还原法在 Cr 污染土壤修复中的应用[J]. 化工环保, 2012, 32(5): 419-423.

[185] 王兴润, 李磊, 颜湘华, 等. 铬污染场地修复技术进展[J]. 环境工程, 2020, 38(6): 1-8, 23.

[186] 郭伟. 云南某废弃有色金属冶炼厂重金属污染土壤淋洗修复实验研究[D]. 北京: 中国地质大学(北京), 2019.

[187] 杨升洪, 饶健. 土壤及地下水有机污染的化学与生物修复[J]. 化工管理, 2021(6): 135-136.

[188] 马强, 陈思涵, 吴启堂, 等. 化学淋洗技术修复重金属污染土壤的田间试验[J]. 南华大学学报(自然科学版), 2020, 34(6): 30-35.

[189] 杜蕾. 化学淋洗与生物技术联合修复重金属污染土壤[D]. 西安: 西北大学, 2018.

[190] 傅小丽, 曾德升. 我国土壤污染修复治理技术研究进展[J]. 热带农业工程, 2020, 44(6): 66-68.

[191] 付永臻, 游少鸿, 杨笑宇, 等. 铬超富集植物李氏禾的研究进展[J]. 安徽农业科学, 2021, 49(2): 12-15, 18.

[192] 何雨江, 陈德文, 张成, 等. 土壤重金属铬污染修复技术的研究进展[J]. 安全与环境工程, 2020, 27(3): 126-132.

[193] 王春勇, 张震斌, 崔岩山, 等. Cr(Ⅵ)还原菌 Microbacterium sp. QH-2 对铝氧化物吸附铬影响的研究[J]. 农业环境科学学报 2021(4): 801-805.

[194] 杨宇, 高宇, 程潜, 等. 一株铬还原菌的分离鉴定及铬还原特性研究[J]. 生态环境学报, 2018, 27(2): 322-329.

[195] 牛永艳, 陈正军, 赵帅, 等. 铬还原菌的分离筛选及其在微生物燃料电池生物阴极中的应用[J]. 微生物学通报, 2017, 44(7): 1631-1638.

[196] LI X L, FAN M, LIU L, et al. Treatment of high-concentration chromium-containing wastewater by sulfate-reducing bacteria acclimated with ethanol[J]. Water Science and Technology, 2019, 80(12): 2362-2372.

[197] JOO J O, CHOI J, KIM I H, et al. Effective bioremediation of cadmium (II), nickel (II), and chromium (Ⅵ) in a marine environment by using Desulfovibrio desulfuricans[J]. Biotechnology and Bioprocess Engineering, 2015, 20(5): 937-941.

[198] PRINCY S, SATHISH S S, CIBICHAKRAVARTHY B, et al. Hexavalent chromium reduction by Morganella morganii (1Ab1) isolated from tannery effluent contaminated sites of Tamil Nadu, India[J]. Biocatalysis and Agricultural Biotechnology, 2020, 23: 101469.

[199] 韩剑宏, 宋玉艳, 张铁军, 等. Cr(Ⅵ)还原菌的筛选、鉴定及其还原物质分析[J]. 微生物学通报, 2020, 47(10): 3206-3215.

[200] 李维宏, 杨宁, 魏晓峰, 等. 一株 Cr(Ⅵ)还原菌的筛选鉴定及其还原特性研究[J]. 农业环境科学学报, 2015, 34(11): 2133-2139.

[201] 林永华. 六价铬还原菌 Pseudomonas mandelii CH1 的分离和鉴定[J]. 化学工程与装备, 2018 (9): 312 316.

[202] 邓红艳. 某工厂厂区土壤铬污染及其微生物修复研究[D]. 重庆: 重庆大学, 2016.

[203] 柴立元, 曾娟, 苏艳蓉, 等. 一株 Cr(Ⅵ)还原菌的鉴定及其还原特性[J]. 中南大学学报(自然科学版), 2011, 42(2): 300-304.

[204] 杨文玲, 王继雯, 慕琦, 等. 耐 Cr(Ⅵ)菌株的筛选及条件优化[J]. 河南科学, 2013(8): 1175- 1179.

[205] 朱玲玲, 曹佳妮, 张文, 等. 一株耐铬细菌的鉴定及其还原铬性能分析[J]. 环境科学学报, 2013, 33(10): 2717-2723.

[206] 韩卉. 碳源和硫酸盐对厌氧污泥生物还原六价铬的影响及机制[D]. 上海: 华东师范大学, 2019.

[207] 陈建春, 林玉满, 陈祖亮. 六价铬还原菌的筛选及其还原特性研究[J]. 福建师范大学学报(自然科学版), 2010, 26(2): 78-82.

[208] ROY C, ROOPALI M, PRITAM R, et al. Identification of chromium resistant bacteria from dry fly ash sample of mejia MTPS thermal power plant[J] West Bengal, India, 96(2)11: 210-216.

[209] MARIA S S, DORAIRAJ S, GNANAPRAKASAM A R, et al. Isolation and identification of chromium reducing bacteria from tannery effluent[J]. Journal of King Saud University- Science, 2020, 32(1): 265-271.

[210] BRUNO L B, KARTHIK C, MA Y, et al. Amelioration of chromium and heat stresses in Sorghum bicolor by Cr^{6+} reducing-thermotolerant plant growth promoting bacteria[J], Chemosphere, 2020(244): 125521.

[211] DEEPIKA K, LIM M , PAN X L, et al. Effect of bacterial treatment on Cr(Ⅵ) remediation from soil and subsequent plantation of Pisum sativum[J]. Ecological Engineering, 2014, 73: 404-408.

[212] LIU B, SU G R, YANG Y R, et al. Vertical distribution of microbial communities in chromium-contaminated soil and isolation of Cr(Ⅵ)-reducing strains[J]. Ecotocicology and Environment Safety, 2015, 180: 242-251.

[213] TARIQ M, WASEEM M, RASOOL M H, et al. Isolation and molecular characterization of the indigenous *Staphylococcus aureus* strain K1 with the ability to reduce hexavalent chromium for its application in bioremediation of metal-contaminated sites. [J]. PeerJ, 2019, 7: 231-235.

[214] UPADHYAY N, VISHWAKARMA K, SINGH J, et al. Tolerance and reduction of chromium(Ⅵ) by *Bacillus* sp. MNU16 isolated from contaminated coal mining soil[J]. Frontiers in Plant Science, 2017, 8: 778.

[215] SINGH R. Reduction of hexavalent chromium by the thermophilic methanogen *Methanothermobacter thermautotrophicus*[J]. Geochimica Et Cosmochimica Acta, 2015, 148: 442-456.

[216] ZHOU G, XIA X, WANG H, et al. Immobilization of Lead by *Alishewanella* sp. WH16-1 in Pot[J]. Water Air & Soil Pollution, 2016, 227(9): 339.

[217] KUMARI D, PAN X, ZHANG D, et al. Bioreduction of hexavalent chromium from soil column leachate by *Pseudomonas stutzeri*[J]. Bioremediation Journal, 2015, 19(4): 10.

[218] KANG C X, WU P X, LI L P, et al. Cr(Ⅵ) reduction and Cr(Ⅲ) immobilization by resting cells of *Pseudomonas aeruginosa* CCTCC AB93066: spectroscopic, microscopic, and mass balance analysis. [J]. Environmental Science and Pollution Research International, 2017, 24(6): 5949-5963.

[219] FERNÁNDEZ P M, MARTORELL M M, BLASER M G, et al. Phenol degradation and heavy metal tolerance of antarctic yeasts[J]. Extremophiles, 2017, 21(3): 1-13.

[220] GU Y, XU W, LIU Y, et al. Mechanism of Cr(Ⅵ) reduction by *Aspergillus niger*: enzymatic characteristic, oxidative stress response, and reduction product[J]. Environmental Science and Pollution Research, 2015, 22(8): 6271-6279.

[221] LYALKOVA N N, YURKOVA N A. Role of microorganisms in vanadium concentration and dispersion[J]. Geomicrobiology Journal, 1992, 10(1): 12.

[222] 崔跃琳, 施春红, 张宝刚, 等. 微生物还原钒、铬过程的电子供体研究进展[J]. 环境科技, 2019, 32(3): 73-78.

[223] 徐卫华. 微生物还原 Cr(Ⅵ) 的特性与机理研究[D]. 长沙: 湖南大学, 2007.

[224] 曾娟. 细菌 *Pannonibacter* sp. 还原 Cr(Ⅵ) 的特性及其基因表征研究[D]. 长沙: 中南大学, 2010.

[225] 朱云飞. 一株芽孢杆菌 *Bacillus* sp. CRB-1 六价铬还原特性及还原机制的研究[D]. 广州: 华南理工大学, 2020.

[226] PRADHAN S K, SINGH N R, RATH B P, et al. Bacterial chromate reduction: a review of important genomic, proteomic and bioinformatic analysi[J]. Critical Reviews in Environmental Science and Technology, 2016: 1604-3389.

[227] 郝孔利, 张杰. 细菌和真菌去除六价铬机理的研究进展[J]. 环境科技, 2018, 31(6): 66-70.

[228] PUZON G J, TOKALA R K, ZHANG H, et al. Mobility and recalcitrance of organo–chromium(III) complexes[J]. Chemosphere, 2008, 70(11): 2054-2059.

[229] 张洪达, 杨帆, 薛婷婷. 常压室温等离子体诱变及高效筛选异麦芽酮糖高产菌株[J]. 大连工业大学学报, 2018, 37(4): 235-238.

[230] 许鹏飞, 郭金玲, 吕育财, 等. 常压室温等离子体诱变选育高产油脂皮状丝孢酵母的研究[J]. 中国油脂, 2019, 44(3): 123-127.

[231] 邓磊, 张豪, 郑穗平. 常压室温等离子体诱变与微生物液滴培养系统联用筛选 L-组氨酸产生菌[J]. 中国酿造, 2021, 40(2): 53-58.

[232] ZHENG T W, XU B, JI Y L, et al. Microbial fuel cell-assisted utilization of glycerol for succinate production by mutant of *Actinobacillus succinogenes*[J]. Biotechnology for Biofuels, 2021, 14(1).

[233] 黎青华, 堵国成, 李江华, 等. 红曲色素高产菌的诱变选育与发酵优化[J]. 食品与生物技术学报, 2020, 39(11): 18-24.

[234] SOLIS-GONZALEZ C J, LOZA-TAVERA H. *Alicycliphilus*: current knowledge and potential for bioremediation of xenobiotics[J]. Journal of Applied Microbiology, 2019, 126(6): 1643-1656.

[235] MECHICHI T, STACKEBRANDT E, FUCHS G, et al. *Alicycliphilus denitrificans* gen. nov., sp. nov., acyclohexanol-degrading, nitrate-reducing b-proteobacterium[J]. International Journal of Systematic and Evolutionary Microbiology, 2003(53): 147-152.

[236] 刘晓磊. 绿脱石-有机酸-六价铬复杂体系中铬的还原反应及机理研究[D]. 北京：中国地质大学, 2018.

[237] 梁斌. 有机物对六价铬的还原作用及其影响因素研究[D]. 南京：南京农业大学, 2007.

[238] 何敏艳. 高效铬还原菌 *Bacillus cereus* SJ1 和 *Lysinibacillus fusiformis* ZC1 的铬还原特性和全基因组序列分析[D]. 武汉：华中农业大学, 2010.

[239] 何元, 董兰岚, 周思敏, 等. 耐铬(Ⅵ)沙雷氏菌 S2 的筛选及铬(Ⅵ)还原特性研究[J]. 现代预防医学, 2017, 44(18): 3374-3378.

[240] SANJAY M S, SUDARSANAM D, RAJ G A, et al. Isolation and identification of chromium reducing bacteria from tannery effluent[J]. Journal of King Saud University-Science, 2020, 32(1): 265-271.

[241] BANERJEE S, KAMILA B, BARMAN S, et al. Interlining Cr(Ⅵ) remediation mechanism by a novel bacterium *Pseudomonas brenneri* isolated from coalmine wastewater[J]. Journal of Environmental Management, 2019, 233: 271-282.

[242] KUMARESAN S R, ARULPRAKASH A, DEVANESAN S, et al. Bioreduction of hexavalent chromium by chromium resistant alkalophilic bacteria isolated from tannery effluent[J]. Journal of King Saud University-Science, 2020, 32(3): 1969-1977.

[243] 朱培蕾, 焦仕林, 姜朴, 等. 六价铬还原菌 Cr4-1 的鉴定和还原影响因素的优化[J]. 卫生研究, 2015, 44(2): 201-205, 210.

[244] 徐淑霞, 王晓霞, 张来星, 等. 克雷伯氏菌(*Klebsiella*)Z3 的分离鉴定和对铬(Ⅵ)还原特性研究[J]. 河南农业大学学报, 2019, 53(3): 385-392.

[245] 王灿. 球孢白僵菌的诱变及固定化合成 D-HPPA 的研究[D]. 武汉：湖北工业大学, 2020.

[246] 周其洋, 张书泰. ARTP 诱变技术选育高产谷氨酰胺酶的曲霉菌种[J]. 中国调味品, 2019, 44(11): 137-140.

[247] LI J, GUO S Y, HUA Q, et al. Improved AP-3 production through combined ARTP mutagenes- is, fermentation optimization, and subsequent genome shuffling[J]. Biotechnology Letters, 2021. DOI: 10. 1007/s10529-020-03034-5.

[248] 朱晓丽, 张建霞, 徐雅雅, 等. 常温等离子体诱变选育高效耐镉硫酸盐还原菌[J]. 西北大学学报(自然科学版), 2015, 45(2): 303-307.

[249] JOUTEY N T, BAHAFID W, SAYEL H, et al. *Leucobacter chromiireducens* CRB2, a new strain with high Cr(Ⅵ) reduction potential isolated from tannery-contamina[J]. Annals of Microbiology, 2016, 66(1): 425-436.

[250] RAHMAN A, NOOR N, NAWANIC N N, et al. Bioremediation of hexavalent chromium (Ⅵ) by a soil-borne bacterium, *Enterobacter cloacae* B2-DHA[J]. Journal of Environmental Science and Health, Part A, 2015, 50: 1136-1147.

[251] KUMARI D, PAN X, ZHANG D, et al. Bioreduction of hexavalent chromium from soil column leachate by *Pseudomonas stutzeri*[J]. Bioremediation Journal, 2015, 19(4): 249.

[252] 朱培蕾, 焦仕林, 姜朴, 等. 六价铬还原菌 Cr4-1 的鉴定和还原影响因素的优化[J]. 卫生研究. 2015(2): 201-205.

[253] 朱玲玲, 曹佳妮, 张文, 等. 一株耐铬细菌的鉴定及其还原铬性能分析[J]. 环境科学学报. 2013(10): 2717-2723.

[254] MAQBOOL Z, ASGHAR H N, SHAHZAD T, et al. Isolating, screening and applying chromium reducing bacteria to promote growth and yield of okra (*Hibiscus esculentus* L.) in chromium contaminated soils[J]. Ecotoxicology

and Environmental Safety, 2015, 114: 343-349.

[255] SONI S K, SINGH R, SINGH M, et al. Pretreatment of Cr(Ⅵ)-amended soil with chromate-reducing *Rhizo-bacteria* decreases plant toxicity and increases the yield of *Pisum sativum*[J]. Archives of Environmental Contamination and Toxicology, 2014, 66(4): 616-627.

[256] FATIMA H, AHMED A. How chromium-resistant bacteria can improve corn growth in chromium-contaminated growing medium[J]. Polish Journal of Environmental Studies, 2016, 25(6): 2357-2365.

[257] ZHU Y F, YAN J W, XIA L, et al. Mechanisms of Cr(Ⅵ) reduction by *Bacillus* sp. CRB-1, a novel Cr(Ⅵ)-reducing bacterium isolated from tannery activated sludge[J]. Ecotoxicology and Environmental Safety, 2019, 186: 109792.

[258] 李忠佩, 李德成, 张桃林, 等. 红壤水稻土肥力性状的演变特征[J]. 土壤学报, 2003(6): 870-878.

[259] 林启美, 赵小蓉, 孙焱鑫, 等. 四种不同生态系统的土壤解磷细菌数量及种群分布[J]. 土壤与环境, 2000(1): 34-37.

[260] 周健平. 和尚洞风化岩壁细菌、真菌群落组成特征及解磷微生物研究[D]. 武汉：中国地质大学, 2018.

[261] 春雪. 大兴安岭重度火烧迹地植被恢复后土壤磷有效性及其影响因素分析[D]. 哈尔滨：东北林业大学, 2020.

[262] 贾丽娟. 生物土壤结皮中解磷微生物群落结构和多样性及其作用研究[D]. 呼口浩特：内蒙古农业大学, 2019.

[263] 郜春花, 卢朝东, 张强. 解磷菌剂对作物生长和土壤磷素的影响[J]. 水土保持学报, 2006(4): 54-56, 109.

[264] 吕德国, 杨丹丹, 秦嗣军, 等. 根际促生细菌混合接种对甜樱桃/东北山樱根际微生物区系及根系呼吸的影响[J]. 吉林农业大学学报, 2012, 34(5): 531-535.

[265] 朱斌, 黄爱缨, 蔡一林, 等. 兼溶多种难溶磷的溶磷菌筛选及其对玉米幼苗生长的影响[J]. 西南大学学报(自然科学版), 2013, 35(9): 11-16.

[266] 刘文干, 何园球, 张坤, 等. 一株红壤溶磷菌的分离、鉴定及溶磷特性[J]. 微生物学报, 2012, 52(3): 326-333.

[267] 吴海燕. 黑土磷素有效性的微生物调控技术及其机理研究[D]. 长春：吉林农业大学, 2012.

[268] 王琦琦, 冯丽, 李杨, 等. 新疆木碱蓬 (*Suaeda dendroides*) 根际耐盐促生细菌的筛选及鉴定[J]. 微生物学通报, 2019, 46(10): 2569-2578.

[269] 刘微, 朱小平, 高书国, 等. 解磷微生物浸种对大豆生长发育及其根瘤形成的影响研究[J]. 中国生态农业学报, 2004(3): 158-160.

[270] 张爱民, 张双凤, 赵钢勇, 等. 胶冻样类芽孢杆菌 CX-9 菌株肥料制剂的研制及在烟草上的应用[J]. 河北大学学报(自然科学版), 2013, 33(4): 387-393.

[271] 李娟, 王文丽, 卢秉林. 解磷微生物菌剂对油菜生长及产量的影响[J]. 中国土壤与肥料, 2010(3): 67-69.

[272] 胡丽燕, 李馨, 戴传超. 广谱植物内生真菌枫香拟茎点霉生态功能的研究进展[J]. 中国农学通报 2017, 33(9): 48-57.

[273] 李霞, 王超, 任承刚, 等. 植物内生真菌 B3 和不同施氮量对水稻生长和产量的影响[J]. 江苏农业学报, 2009, 25(6): 1207-1212.

[274] 杨波. 内生真菌拟茎点霉 B3 对水稻氮素利用的影响及机理研究[D]. 南京：南京师范大学, 2014.

[275] 郝玉敏, 戴传超, 戴志东, 等. 拟茎点霉B3 与有机肥配施对连作草莓生长的影响[J]. 生态学报, 2012, 32(21): 6695-6704.

[276] 谢星光. 内生菌拟茎点霉改善连作花生微生态环境的机理研究[D]. 南京：南京师范大学, 2014.

[277] 戴美松, 王月志, 蔡丹英, 等. 我国微生物菌肥登记现状及其在果树减肥增效中的应用[J]. 浙江农业科学, 2021, 62(2): 241-246.

[278] 李可可, 陈腊, 米国华, 等. 减施氮磷条件下微生物肥料对东北黑土区玉米生长和产量的影响[J]. 玉米科学, 2021, 29(4): 144-154.

[279] 李钦, 王引权, 彭桐, 等. 施用复合微生物肥对当归药材品质的影响[J]. 江苏农业科学, 2021, 49(9): 117-122.

[280] 胡诚, 刘东海, 乔艳, 等. 小麦秸秆替代化肥钾在水稻上的应用效果[J]. 天津农业科学, 2017, 23(11): 91-95.

[281] 胡诚, 刘东海, 乔艳, 等. 不同的秸秆还田对土壤理化性质及水稻产量的影响[J]. 湖北农业科学, 2017, 56(10): 1854-1856.

[282] 邓超, 毕利东, 秦江涛, 等. 长期施肥下土壤性质变化及其对微生物生物量的影响[J]. 土壤, 2013, 45(5): 888-893.

[283] 叶协锋, 杨超, 李正, 等. 绿肥对植烟土壤酶活性及土壤肥力的影响[J]. 植物营养与肥料学报, 2013, 19(2): 445-454.

[284] 郭雨浓, 刘宝玉, 郑直, 等. 不同施肥对河套灌区瓜田土壤养分及甜瓜生长和养分利用的影响[J]. 水土保持学报, 2021, 35(4): 230-236.

[285] 方彦杰, 张绪成, 侯慧芝, 等. 耕作和施肥方式对土壤水分及饲用玉米产量的影响[J]. 核农学报, 2021, 35(9): 2127-2135.

[286] 孔海民, 陆若辉, 曹雪仙, 等. 生物有机肥对葡萄品质、产量及土壤特性的影响[J]. 浙江农业科学, 2022, 63(1): 77-79.

[287] 赖多, 邵雪花, 肖维强, 等. 广东柑橘化肥农药减量增效技术模式[J]. 广东农业科学, 2021, 48(7): 118-125.

[288] 陈佳佳. 化肥减施配施生物有机肥对花生生长及土壤微生物菌群的影响[D]. 长沙: 湖南农业大学, 2020.

[289] 李蒙, 张梦媛, 龚守富, 等. 生物有机肥添加量对番茄幼苗生长的影响[J]. 中国土壤与肥料, 2021(5): 119-125.

[290] 杨凤娟. 施用生物有机肥对农作物产量和肥料投入影响的研究[J]. 黑龙江粮食, 2021(9): 95-96.

[291] 王润楠. 谁抓住微生物, 谁将在未来农业中占据先机——访农业农村部微生物肥料和食用菌菌种质量监督检验测试中心主任李俊[J]. 中国农资, 2021, (41): 15.